舒食101

愛家庭料理 愛窈窕料理 愛烘焙料理 愛DIY醬料　NEWSTART Lifestyle Cookbook

NEWSTART 新起點

時兆文化

Ⓝutrition 營養　　　Ⓔxercise 運動　　　Ⓦater 水　　　Ⓢunshine 陽光

簡單飲食健康人生

　　飲食與包裝是一樣的，過度的包裝會造成環境的污染，過度精緻的飲食同樣也會造成體內環保的污染。健康的飲食最大原則是「簡單」，簡單吃、簡單做、食材簡單、烹調簡單，沒有多餘的添加物、沒有色素、原色、原味的料理是最符合健康的需求。

　　我們人類的基因原先上帝就設計成可以用最簡單的方式度過遠古時代物質貧瘠的生活，所以今天面臨物質豐盛、精緻、而且繁複的烹調，反而出現營養過剩及營養破壞的現象。這是人類用自己的智慧背離上帝交代秉持著過簡單、健康生活原則所造成的結果。

　　美、加等先進國家，在近年來的醫學研究指出，導致國民致病之因素歸納為四大類：行為因素及不健康的生活型態佔50%、環境引起的危害佔20%、人體的生物因素佔20%及醫療保健體系不健全佔10%。

　　台灣行政院衛生署國民健康局亦指出：「生活型態是造成疾病發生的主要原因，高度都市化的地區，往往也是疾病盛行最高的地方。不正確的生活習慣則是產生疾病的元兇之一。實現健康的生活才是抗老化、養生或預防慢性病的基本原則，其中飲食是重要的一環，但也是最難以改變的行為」。

Ⓣemperance 節制　　Ⓐir 空氣　　Ⓡest 休息　　Ⓣrust 信靠

新起點八大健康原則

NEWSTART®

　　台北臺安醫院自1997年引進「新起點（NEWSTART）」健康生活計畫就是本著「簡單」的八大原則，包括：Nutrition營養、Exercise運動、Water水、Sunshine陽光 、Temperance節制、Air空氣、Rest休息、Trust信靠，教導民眾重建自然健康的飲食觀念及生活方式。很多參加者因飲食習慣的改良，健康得到明顯的改善，而且也擁有好的生活品質。為了讓更多關心自己健康的民眾受惠，臺安醫院將多年研發的新起點健康食譜，出版成書。

　　癌症、腦血管疾病、心臟病、高血壓正是世人的健康殺手，高脂肪飲食與這些疾病有密切的關係；流行病學報告呈現出跨國間乳癌死亡率與國民的油脂攝取量關係密切；大腸癌也有類似的相關性。充分的科學證據肯定降低油脂攝取量有利健康，因此，推薦給大家的飲食觀念為無動物性、無蛋、無奶的食材，無提煉油、無精製糖、少鹽、少調味料和多一些天然素材。我們要養成不單靠胃口和口味來決定我們所選的飲食，我們必須運用自己的知識和智慧來選擇食物。

　　我們期待《舒食101》帶給讀者不一樣的觀念，且實行起來很方便、很健康。

台北臺安醫院院長
胃腸肝膽科主治醫師

黃暉庭

Ⓝutrition 營養　　Ⓔxercise 運動　　Ⓦater 水　　Ⓢunshine 陽光

真正符合健康生活型態的舒食主張

　　近年來，在台灣衛福部統計台灣十大死因中，持續排名在前幾名的有：惡性腫瘤、心臟疾病、腦血管疾病、糖尿病等慢性病。令人隱憂的是這些罹患人數不斷上升，但年齡層卻逐年下降，主要因素與國人不良的飲食習慣及生活型態有相當大的關係。

　　2001年美國哈佛大學公共衛生研究所教授韋利博士，公佈了新金字塔健康飲食指南，他建議人們每天要做規律運動；維持理想體重；多選用全穀根莖類的食物；多吃蔬菜及水果：多選用好的油脂；多選用植物性來源的蛋白質替代動物性的。此外，美國約翰・霍普金斯大學附設醫院在「對癌細胞的新知」文章中，也提到改變飲食內容及生活方式能增強免疫系統，對抗癌細胞，並建議多攝取新鮮蔬菜、水果、全穀、種子、堅果以製造鹼性環境，儘量避免動物性食物的攝取，減少酸性的環境。這些專家所提出的健康飲食原則與「新起點」健康素食的理念是相當吻合的。

　　我有幸能參與「新起點」健康生活計畫團隊的服務工作，使我更加了解不僅要有正確的飲食習慣，更需要建立良好的生活方式，才能達到身、心、靈健康的平衡。這十多年期間，在健康中心接觸到很多身體不適的學員，只要他們願意遵守「新起點」八大自然律，多數人從疾病中得到顯著的進步，諸如高血脂的患者經過13天的健康生活體驗，膽固醇及三酸甘油脂顯著的降低，糖尿病患者的血糖也得以控制，

Ⓣemperance 節制　　Ⓐir 空氣　　Ⓡest 休息　　Ⓣrust 信靠

新起點八大健康原則

NEWSTART®

甚至降血糖藥的劑量亦可減少，至於其他各類慢性疾病患者的身體狀況，亦有明顯的改善及控制。

　　根據「新起點」健康素食：無肉、無蛋、無奶、無提煉油、無精製糖、無刺激調味料、高纖的「六無一高」特色，時兆出版社發行了這本《舒食101》食譜，藉由這些健康的料理，可幫助民眾建立正確的飲食觀念、學習製作各種天然美味的醬料、菜餚、及點心，使人們吃得更健康。

　　市面上的食譜，琳瑯滿目，但本人極力推薦這本食譜，只要民眾願意長期的遵行「新起點」健康生活計畫，建立良好的飲食習慣及生活方式，其健康情況就可得到改善，進而有助預防及改善各類慢性疾病。

前臺安醫院營養課主任

劉啟琴

Ⓝutrition 營養

Ⓔxercise 運動

Ⓦater 水

Ⓢunshine 陽光

千真萬確真實的見證

◎學員謝文毅

　　請您相信我，沒有親身體驗過的東西，我不會推薦。這是千真萬確真實的見證。我是參加2012年3月份第136期臺安醫院在南投舉辦新起點健康生活計畫的學員，在這裡學習到找回健康的方法。未學習之前，吃香喝辣百無禁忌樣樣來，總認為藥物就是維持我生命的祕訣，但我的方向錯了，現在才了解，新起點的八大生活原則，才是維持我生命的守則。

　　我本身有糖尿病、高血壓，去年在一次香港之旅，我突然中風了，神的恩手救回我的性命，經過手術裝過3支支架，還有一條阻塞50%的血管，預計5月裝支架，為了活下去，每天都要服用十幾種藥物來控制我的生命，我的家人很愛我，也很心疼我，旌旗教會的弟兄姐妹得知有新起點這活動時，就開始鼓勵我去參加，但我就是固執的不願意參加，但我要跟您說，我真的來對了。

　　以前我服用藥物來維繫生命時，健康數據是，飯前血糖130-140mg/dl，飯後血糖170-190 mg/dl，血壓（收縮壓）150-160mmHg，體重74公斤，自新起點課程結業回家後，我照著八大生活原則持續兩個月後，血糖及血壓數值都反轉為正常，體重也降了8.3公斤，神奇的是，我沒有靠任何藥物，靠的是運動、水、新起點的飲食調理及來自主喜樂的心情，回醫院複診時，醫生也稱奇，預計裝支架的血管，現在也可不裝了，藥物也調整為只要服用抗凝血就可以了。感謝主！榮耀歸給主，哈利路亞！

Ⓣemperance 節制　　Ⓐir 空氣　　Ⓡest 休息　　Ⓣrust 信靠

新起點八大健康原則

NEWSTART®

我秉持著早晚各散步1小時（因行動不便無法快走），約有3～4公里，喝水量約一天2000cc，每天保持擁有喜樂的心情，飲食方面很節制，若有外出，則自備簡單的水煮菜2種、全麥麵包或饅頭1種；朋友宴客時，自備一杯水（過油），並選擇對的食物（蔬菜），肉絕不吃。

新起點真的很奇妙，在上帝的看顧下，我找回從前的健康，感謝上帝，讓我有重生的機會，太太小孩在我身上看到奇蹟，也來參加新起點及改變飲食。奉勸所有的人，您若想要健康，就來新起點，不要等到有疾病了才來，新起點真的很簡單，不要有太多的設限，來了您就知道了。

「生命」是上帝給我最好的禮物
「生活」是我現在要給上帝最好的禮物

幸福就是你的生命，因為有神的愛與恩典，每一天都活在健康快樂的生活中。

參加新起點13天及2個月後獲得改善的健康數據			
項目	參加前	參加後	2個月後	正常值
體重	71.8	68.65	63.5	
血壓	110/74（有服藥）	120/73（沒服藥）	110/70	<130/80
血糖	119（有服藥）	93（沒服藥）	90	70-100
藥物	10多種		1種抗凝血	

目錄
Contents

PART ①
愛家庭の料理：米食、麵食、家常菜、湯品
Home-Style Cooking: Rice, Noodles, Vegetable Foods, Soups

PART ② 愛窈窕の料理：輕食、沙拉、點心、飲品
Fitness Cooking: Light Meal, Salad, Snack, Beverage

PART ③ 愛烘焙の料理：麵包、鬆糕、餅乾
Baking Recipes: Bread, Cakes, Crackers

PART ④ 愛DIYの醬料：自製調味料、醬汁、果醬
Homemade Sauces & Dressings: Sauces, Dressing, Jelly

「新起點」的健康飲食觀

◎臺安醫院營養課

隨著經濟快速的發展，國人生活型態的改變，飲食習慣偏向西化、外食人口增加、食物普遍精緻化等問題，導致攝取過多的熱量、蛋白質、油脂、糖分，因而罹患癌症、糖尿病、心臟病、高血壓、肥胖及身體機能退化等慢性病，日益增多。

台灣2011年統計國內十大死因，排名依序為：惡性腫瘤、心臟疾病、腦血管疾病、糖尿病、肺炎、事故傷害、慢性下呼呼道疾病、慢性肝病及肝硬化、高血壓性疾病、腎炎、腎病症候群及腎病變。其中至少有5項慢性病與飲食有關。

台灣行政院衛生署也明確指出：「台灣地區三十多年來威脅身體健康的死亡原因，已經由過去的傳染病轉變成現今的慢性病。因此，建立正確的飲食習慣及良好的生活型態，才能真正的預防慢性病。」

臺安醫院有鑑於此，不僅作疾病的治療，更重視疾病發生前的預防。因此，在1997年成立新起點健康發展部門，藉由本會（基督復臨安息日會）在1978年於美國成立的二十幾家健康中心，推廣「新起點健康生活計畫」。

「新起點」取自八大原則

新起點（NEWSTART）健康生活計畫，主要來自八項健康觀念，取其英文的第一個字母而成，包括：Nutrition營養、Exercise運動、Water水、Sunshine陽光、Temperance節制、Air空氣、Rest休息、Trust心靈依靠。

本院實施並推廣「新起點健康生活計畫」活動，提供天然素食，以無肉、無蛋、無動物奶、無提煉油、無精製糖、高纖、零膽固醇的飲食，配合其他的自然生活原則，幫助人們建立良好的飲食習慣及生活型態。經由國外及本院累積數十年的活動結果，已證明可幫助預防癌症、強化身體的免疫系統、反轉糖尿病、降低心血管疾病的風險，此外，對於肥胖症、高血壓、骨鬆、過敏等也都有明顯的改善。

早在1877年，基督復臨安息日會的宗教家懷愛倫師母就曾寫了一本《論飲食》，乃遵循聖經中上帝的話（創世記1章29節）：「看哪！我將遍地上一切結種子的蔬菜，和一切樹上所結有核的果子，全賜給你們作食物。」基於道德、靈性及保健的因素，我們極力提倡素食。但長久以來，人們一直忽略上帝這美好的安排。

在1992年，美國農業部公布「金字塔飲食指南」，鼓勵人們應以植物性食物作基礎，多選用全穀根莖類、蔬菜、水果、豆類及核果類，而減少肉類、油脂及糖分的攝取。經過這些年來的努力及宣導，美國人罹患心血管疾病雖仍排列在十大死因之首，但總人數有顯著下降，而平均壽命也有增加的趨勢。

許多的科學研究也證實了肉類、魚類、家禽，這些食物常含一種或多種有害的物質：飽和脂肪酸、膽固醇、致癌物、細菌及病毒。一些精製的食物，如：白米、白麵粉、糖、鹽等，也都引發許多健康的問題。其實各式各樣天然的蔬菜、水果、全穀類、豆類、核果及種子類，足足可供應我們身體所需的營養。

很多人並不了解植物性食物對人體健康的益處。事實上，自1950年始，經過許多科學家陸續不斷的參與素食研究，結果證實素食好處多多。

素食的益處

一、調節酸鹼的平衡：

素食中大部分的蔬果屬鹼性物質，能中和蛋白質、脂肪及醣類被分解後產生的酸性物質，有助調節血液呈正常的微鹼性，提升身體的免疫力。

二、預防心血管疾病：

因肉食中含有膽固醇及大量的飽和脂肪酸，易引起動脈硬化造成的高血壓、心臟病。素食則可減少攝取膽固醇及飽和脂肪酸，有強健、保護心臟及血管的效果。

「新起點」
金字塔飲食指南

核果、種子及甜食類

豆類及其豆製品、豆奶

蔬菜類

水果類

五穀根莖類

建議每日攝取三大營養素的熱量，占總熱量的百分比：
碳水化合物65~75% · 脂肪15~20% · 蛋白質10~12%
取自："Weimar Institute's NEWSTART Lifestyle Cookbook"

三、有助體重控制：

素食中的食物大都熱量較低，且含有豐富的纖維質，消化時間較久，易產生飽足感，因而可減少熱量的攝取，有助體重的控制。

四、避免肉汁的廢物、動物疾病：

當動物被殺死的時候，生理機能全部停頓，體內的廢物尚未排出，仍留在體內。此外，一些細菌（如：結核病、腸道感染的疾病等）、**病毒**（如：狂牛症、口蹄疫、禽流感等）、及抗生素、荷爾蒙、農藥，亦大都是經由動物傳遞，而危害人體的健康。

五、降低癌症的罹患率：

素食中含有豐富的纖維質，能促進腸道蠕動，縮短致癌物質在腸道停留的時間。同時素食中含脂肪較低，可減少因高脂肪、高膽固醇刺激體內產生荷爾蒙的不平衡，因此可降低罹患某些癌症的機率。

六、含豐富的植物性化合物有助防癌：

近幾年來，有更多新的研究報告發現：植物來源的食物可提供各種豐富的植物性化合物（Phytochemicals）、這些物質，不是營養素，但在人體內卻扮演重要的角色，有很強的抗氧化作用、可助防癌。不同的蔬果在人體不同的器官具有不同的防癌功效：

例如：十字花科蔬菜的綠花菜、白花菜、高麗菜等，可有效預防結腸癌。經常食用洋蔥或大蒜，有助降低胃癌及結腸癌50～60%的發生率。番茄含有豐富的茄紅素（Lycopene），可減低攝護腺癌的罹患。又如大豆內含有豐富的異黃酮素（Isoflavones），具有植物性荷爾蒙的天然療效，常食用，除可降低乳癌的罹患，還有助增強骨質，減輕婦女更年期的一些症狀。

素食，營養夠嗎？

常有些人擔心吃素是否營養足夠？某些營養素，如：蛋白質、鈣質、鐵質等，是否會有缺乏的問題？事實上，多樣性的廣泛選用食物、吃的正確、應可獲得均衡的營養。

一、足可提供身體所需的蛋白質

身體內除了水分外，最大的成分就是蛋白質，為構

成細胞的主要物質，有維持生長、發育，修補細胞、組織、合成荷爾蒙、酵素及抗體等功用。人體內的蛋白質是由22種氨基酸所組成，其中有8種稱之為「必需氨基酸」，必須由食物中提供，其他的氨基酸可以由身體自行合成。植物來源的食物中常缺少其中一種或兩種「必需氨基酸」，如：穀類中缺乏一種離氨酸（Lysine），而豆類則缺少另一種甲硫氨酸（Methionine），但每天從全穀根莖類、豆類、核果類、或種子類中選用食物，就可達到「互補作用」，提升蛋白質的利用率。

二、均衡的素食，亦可獲得身體所需的鈣質

一般人都認為牛奶及奶製品、小魚乾等為豐富鈣質的來源，其實許多植物性的食物，如：深綠色蔬菜、豆類、豆腐、芝麻、髮菜等，亦含有豐富的鈣質。只要素食吃的均衡，亦可獲得身體所需的鈣質。

一些研究報告亦顯示，如：美國、瑞典、芬蘭、英國等先進的國家都是消費奶類及蛋白質最多的國家；尤其是動物性的蛋白質，其中含的甲硫氨酸（Methionine）在代謝後，易與鈣質結合成硫化物，隨著尿液流失，這可能是造成骨質疏鬆症罹患率偏高的原因之一。反之，素食者，即使純素食，罹患骨鬆症的比例卻較低。

三、素食中有些食物含有豐富的鐵質，可提供人體所需

雖然動物來源含鐵質豐富的食物，在體內吸收、利用效果較好，但植物性食物，如：乾果類（葡萄乾、紅棗、加州梅）、全穀類、核果、種子類、及深綠色蔬菜等亦含豐富的鐵質，只要與維生素C含量高的蔬果一起食用，亦可促進鐵質的吸收及利用。

「新起點」健康素食飲食原則

一、維持理想體重

體重過重或過輕均會影響身體的健康。根據行政院衛生署91年公布我國成年人肥胖的定義：身體質量指數（BMI）超過24者為「過重」；超過27者為「肥胖」。

身體質量指數（BMI）公式：
$$BMI＝體重（公斤）÷身高^2（公尺）$$
理想體重＝身高（公尺）×身高（公尺）×22

體重過重者罹患糖尿病、高血壓、心血管疾病、及某些癌症等慢性疾病的機率偏高。但體重過輕易使身體的抵抗力降低，免疫力變差，容易感染疾病。因此，良好的飲食習慣及適當的運動是維持理想體重最佳的方法。

二、均衡攝取各類食物

沒有一種食物含有人體需要的所有營養素，因此，我們身體的健康，必須依靠各種不同食物所提供的各種營養素來維持。每天應從五大類食物：①全穀根莖類、②蔬菜類、③水果類、④豆類及其未含添加物的豆製品、⑤核果、種子類來攝取。且每類食物應多作變化，以達均衡的營養（參看表一）。

建議多選用蔬菜、水果、全穀類、豆類、核果及種子類的食物：

❶ 所有穀類，如：糙米、全大麥、全小麥、全燕麥、小米等。每天至少吃兩種穀類搭配一或兩種豆類，可提升體內所需蛋白質的質與量。

❷ 食用各式各樣新鮮的蔬菜及水果，且每天至少含一份深綠色或深黃色的蔬菜，及含維生素C豐富的水果，如：柑橘類水果、奇異果、芭樂、番茄等。

❸ 選擇優質的核果及種子類，如：杏仁豆、腰果、核桃、松子、芝麻、葵花子仁、南瓜子等。

常用的素食材料營養成分表

| 營養成分 / 食物 | 熱量 | 碳水化合物 | 蛋白質 | 脂肪 | 膳食纖維 | 維生素 | | | | | | 熱量 | |
						維生素C	維生素B$_1$	維生素B$_2$	菸鹼酸	維生素A	維生素E	鈣	鐵質
主食類 白飯、白麵條	+++	+++	+	-	-	-	-	-	-	-	-	-	-
主食類 全穀類（糙米、全麥麵包）等	+++	+++	++	-	++	-	+	-	-	-	+	-	+
主食類 根莖類（馬鈴薯、芋頭）	+++	+++	-	-	++	+	-	-	-	-	○	-	-
豆類及其豆製品 豆腐、豆漿	+	-	+	-	-	-	-	+	-	-	-	++	+
豆類及其豆製品 豆類	+++	++	++++	++	++++	-	-	-	+	-	-	+++	++
豆類及其豆製品 豆製品	++	-	+++	+	-	-	-	-	-	-	-	+++	++
水果 柑橘類、芭樂、奇異果	+	+	-	-	++	++++	-	-	-	+	○	++	-
水果 木瓜、哈密瓜、芒果	+	+	-	-	+	+++	-	+	-	+++	○	+	-
水果 梨子、葡萄、蘋果、櫻桃及其他水果	+	+	-	-	+	+	-	-	-	-	+	○	-
蔬菜類 深色蔬菜	+	-	-	-	++	+++	-	-	-	+++	○	++	+
蔬菜類 淺色蔬菜	-	-	-	-	++	-	-	-	-	-	○	+	-
蔬菜類 蒟蒻	-	-	-	-	++	-	-	○	-	-	○	+++	-
藻類 髮菜、紫菜	-	++	+++	-	++++	○	-	-	-	+	-	++++	++++
藻類 海帶	-	-	-	-	++	○	-	-	-	+	○	++	-
油脂類 提煉油	++++	○	○	++++	-	○	-	-	-	-	+++	○	○
油脂類 核果類、種子類	++++	○	++	+++	++	-	-	-	-	-	++	++	+++

※以100公克的營養素分為：++++非常豐富 +++豐富 ++中等 +少量 -微量 ○沒有

※乾果（如：椰棗、葡萄乾、加州梅、楊桃乾、杏桃乾等）含豐富的鐵質及膳食纖維。

◎全穀類：富含纖維質，能預防改善便祕。且比白米、白麵含更多的維生素及礦物質。

◎乾豆類及其豆製品：除含豐富的蛋白質，且含纖維質、鈣質、鐵質等，但不含膽固醇，有助降低心血管疾病的發生。

◎蔬果類：富含纖維質、維生素及礦物質等，有助降低癌症的罹患，及對抗生活壓力所造成的症狀。

◎藻類：富含婦女所較缺乏的鈣質、鐵質。

◎油脂類：其中核果及種子類的脂肪以「順式」的單元不飽和脂肪酸為主，且蛋白質、鈣質、鐵質、微量元素等均較提煉精製的油脂含量多。對健康而言，應多選用核果或種子類替代提煉精製的油脂。

三、不吃動物性的食品：肉、魚、海鮮、家禽、蛋、奶及奶製品

人類是否適合肉食？	
草食動物	肉食動物
1 牙齒是平的	1 尖銳（可將肉撕開）
2 手是便於攝取食物	2 爪子用來獵取動物
3 腸子24～26呎長（充足的時間消化植物中的營養素）	3 腸子短約6呎長（肉類在腸道未腐敗前，迅速將其消化）
4 唾液含澱粉酶主要目的是消化複合碳水化合物	4 唾液不含澱粉酶
5 胃酸：為消化蛋白質	5 胃酸：含量為草食動物的10倍量，用來消化動物蛋白質

　　從上述草食與肉食動物生理結構的比較，顯示人類應屬草食動物，適合吃植物性的食物。而且經由科學證實，動物來源的食物，如：肉類、魚類、海鮮類、家禽類、蛋、奶類等，並非最好的食物，這些食物包含一種或多種物質：飽和脂肪酸、膽固醇、致癌物、病毒（狂牛症，口蹄疫，禽流感等）、及體內累積濃縮的抗生素、荷爾蒙、農藥等，引發許許多多健康的問題。其實選用各種豆類、豆莢類，如：黃豆、黑豆、雪蓮子豆、花豆、紅豆、綠豆、芽菜等，足可提供我們身體所需的蛋白質。

四、多選用全穀根莖類的食物以替代精製的白米、白麵

　　全穀類，如：全麥麵粉是由整粒麥子直接研磨而成的，包括胚乳、胚芽及麩皮，呈淡褐色。而精製白麵粉是整粒麥子在研磨麵粉的過程中打掉胚芽、麩皮，僅剩胚乳部分，呈白色。雖然糙米、全麥麵粉含的醣類（碳水化合物）較精製的白米、白麵粉略少，但所含的其他營養素，如：維生素B群（B₁、B₂、菸鹼酸）、維生素E、纖維質，及礦物質（鈣、鐵、磷、鉀、鈉等），卻很豐富，比白米、白麵粉高出很多，這些營養素大都集中在胚芽及麩皮部分，在人體內參與重要生理調節的功能。此外，在麩皮及胚芽內還含有多種活性的植物性化合物，這種物質不是營養素，但在人體內具有抗氧化的功用，可預防癌症。

五、多選用天然、未經加工植物來源的油脂，不使用任何提煉精製油

　　直接從天然，未經加工的食物，如：橄欖、黃豆、核果、種子、及全穀類中，不僅可提供我們人體所需的油脂，還可獲得許多其他的營養素，以黃豆為例：除含黃豆油外，還含蛋白質、卵磷脂、維生素E、纖維質及各種植物性化合物。此外，直接吃天然植物來源的油脂，可減少產生氧化的機會及自由基的毒素，減低致癌的機率，血管的病變，及避免許多其他慢性疾病的產生。

　　反之，食用提煉精製油，僅提供油脂及少許一些營養素，且易導致心血管的疾病，還可引起高血壓、免疫系統、關節、內分泌、神經系統、新陳代謝等嚴重的問題。此外，提煉油經過高溫，或遇到空氣，會氧化產生自由基之毒物，易使細胞老化或致癌。

　　本食譜不含任何精製提煉油，乃使用適量的堅果、種子類等食材作為油脂的來源及增加其口感，不含反式脂肪酸及膽固醇。市面上一般烘焙或加工食品多使用動物性奶油、棕櫚油、「氫化」的植物油，如：乳瑪琳、白油、酥油、奶精等或高溫油炸，來增加食物的酥脆、滑嫩感，但在油脂的「氫化過程」或油炸後，就會形成危害人體的反式脂肪酸。反式脂肪酸可以歸類為飽和脂肪酸，它的作用機轉也相類似，所以對健康影響也頗相同，由於它在體內不易分解，且不易被細胞利用，因而會堆積在血管內，並加速低密度脂蛋白（LDL-C，俗稱

「壞」的膽固醇）的氧化，提高心血管疾病發生的機率。一些研究亦顯示：反式脂肪酸攝取過多和肥胖症、大腸癌、成人型糖尿病等疾病息息相關。

建議民眾選購食品時應詳閱標示，凡包裝上的油脂成分標示有「氫化」、「半氫化」、「硬化」、「精製植物油」、「轉化油」、「烤酥油」或英文「Hydrogenated」等字樣者，表示該食品使用了經過「氫化處理」的油脂，應減少選購或避免大量攝食。

反式脂肪酸含量高的食物	
種類	食物名稱
油炸類	甜甜圈、炸雞、鹽酥雞、薯條、油條等
油脂類	人造奶油（乳瑪琳）、烤酥油、白油、奶精、沙拉醬等
糕餅類	麵包、蛋糕、派、蛋黃酥、燒餅、糕餅等
加工類	餅乾、洋芋片、速食麵、爆米花、巧克力糖等

六、選用天然的果乾作甜味劑，以替代精製糖

很明顯的，我們的味覺多數喜愛「甜味」，「吃甜食」是件令人愉快的事。或許你認為沒有吃很多糖，但卻忽略了糖被隱藏於餅乾、蛋糕、冰淇淋、汽水飲料中。現代人吃糖有增無減，難怪蛀牙及富貴病也跟著增加。

一般市售的甜點，多含砂糖，砂糖是由甘蔗精製而成，精製品是「空熱量」，意思是這些食物只產生熱量，但缺少維生素、礦物質及纖維質。而本書中的甜點做法使用少許的蜂蜜、黑糖、果乾，例如：椰棗、葡萄乾、杏桃乾、蔓越莓乾等作甜味劑，除了含糖分外，還富含鐵、鉀等礦物質以及纖維質，營養價值較精製糖高出許多。

一些研究報告顯示，食糖過量易造成肥胖、齲齒、血中三酸甘油脂上升，甚至會影響免疫能力下降。因此，還是少吃糖才會更健康。

七、選用天然溫和香料替代辛辣刺激的調味品

料理食物使用調味料，主要目的是增加食物美味、口感、提升對食物的接受性及含有益身體的物質。但由於科學的進步，近些年來，市面上的調味料及添加物種類備增，導致人們味覺遲鈍、口味變重，及不當的攝取而影響身體的健康。

芥末、辣椒、胡椒粉、番椒粉（chili）等含有類番椒素（Capsaichinoids），是一種有刺激性含酚的（phenolic）化合物，食用過量，可能會嚴重刺激胃黏膜，增加胃酸的分泌，造成胃潰瘍或十二指腸潰瘍。臨床研究報告亦顯示，它會造成對泌尿道的刺激，易引起發炎。

烹調時，儘量簡單兼具原味，多選用天然溫和香料，如：檸檬、青蔥、洋蔥、蒜、芫荽、迷迭香、巴西里、薄荷葉、鬱金香粉、時蘿草、甜羅勒等，不僅可添加菜餚的香味、顏色、保存，同時還含有豐富的維生素、礦物質、纖維質及植物化合物等。根據一些研究報告顯示：選用天然香料作調味品，有助降低心血管疾病、糖尿病及癌症的發生率。

❶天然香料與心血管疾病的預防

蒜頭：含有豐富的蒜素（Allicin）、硫化物及植物化合物。臨床研究顯示：每天食用½～1瓣的蒜頭，有助抗凝血、放鬆血管、清血及降低高血壓及膽固醇。

洋蔥：與大蒜含的多種硫化物類似，可抗凝血、抑制血塊的形成。此外，迷迭香（Rosemary）、山艾（Sage）、百里香（Thyme）及其他溫和香料，都含有豐富的類異黃酮素（Flavonoids），具有抗氧化作用，可保護低密度脂蛋白（LDL-C）避免氧化，阻止血塊產生及抗發炎、防癌等功效。

亞麻子：含少許飽和脂肪酸，卻富含多元不飽和脂肪酸（特別是Omega-3脂肪酸）、植醇及水溶性纖維質。常食用，有助降低血膽固醇及低密度脂蛋白（LDL-C）、抗凝血，但不會影響血中三酸甘油脂及高密度脂蛋白（HDL-C）。

❷天然香料與糖尿病的控制

飲食與運動有助糖尿病血糖的控制，根據一些臨床實驗報告：常食用一些香料對血糖的控制是有益的，如：胡羅巴子（Fenugreek）含豐富的水溶性纖維質，可降低糖尿病患者的血糖。印度曾經作一項研究，在糖尿病患者的飲食中加入脫脂的胡羅巴香料（每天食用25～100毫克），10天後，患者的血糖、尿糖有顯著的改善。

❸天然香料與癌症的預防

一般常用的香料已被證實有預防癌症的功效，這些香料包括：亞麻子、青蔥科（大蒜、洋蔥、韭菜）、薄荷科（甜羅勒、俄勒岡、薄荷）、薑科（鬱金香）、纖狀花科（巴西里、大茴香、小茴香、時蘿草、芹菜、芫荽等）。根據美國愛荷州的一項實驗顯示：大蒜中含的硫化物有降低胃癌及直腸癌的發生率。在荷蘭的一項研究也顯示：多食用洋蔥（每天至少半粒）較不常食用洋蔥的的人減少50%以上罹患胃癌的機率。

亞麻子內含有豐富的木質素（Lignans）被認為有降低乳癌的機率，而鬱金香粉中含有一種類薑黃素（Curcuminoids），有助抑制癌細胞生長的功效。

八、選用新鮮、天然食物替代加工食品

食物應以新鮮、天然，不含任何添加物為宜，最好選擇有機或來源可靠的供應商。大多數的加工食品是為了某種使用目的，將添加物加入食品製造、調配以及貯存等之用。目前被准許使用之添加物包括天然與化學合成品兩大類，但其安全性、添加的劑量、種類以及對人體健康的影響，仍是在爭議中。建議儘量減少食用加工食品，可避免因不良化學物質的攝取，而危害人體的健康。

市面上經常抽檢出檢驗不合格之添加物及其毒性，如：

硼砂－為硼酸鈉：常添加在年糕、油麵、燒餅、油條、魚丸等，增加韌性、脆度以及改善食品保水性、保存性。在體內蓄積，妨害消化酵素、引起食慾減退、消化不良、抑制營養素吸收。中毒症狀為嘔吐、腹瀉、循環系統障礙、甚至休克、昏迷。

鹽基性介黃：過去多被用在糖果、黃蘿蔔、蜜餞、酸菜、麵條等食品，如攝取過量，20～30分鐘後會有頭疼、心悸亢奮、脈搏減少、意識不明等症狀。

吊白塊：係以甲醛結合亞硫酸氫鈉再還原製得，具有漂白及防腐的效果。常用於米粉、金針、瓜子、冬瓜糖、肉、牛奶、牛蒡、洋菇，偶爾會添加在削皮的水果中。中毒症狀：頭痛、眩暈、呼吸困難及嘔吐。

經常使用在食品加工的添加物		
種類	**用途**	**品目**
防腐劑	抑制細菌及微生物生長，延長保存期限	己二烯酸，苯甲酸等
殺菌劑	殺滅食品上的微生物	過氧化氫（雙氧水）、次氯酸鈉等
漂白劑	漂白作用	二氧化硫、亞硫酸鉀等
保色劑	保持肉類鮮紅色	亞硝酸鈉、硝酸鉀等
抗氧化劑	防止油脂氧化	BHA、BHT、維生素E、維生素C等
著色劑	對食品產生著色作用	食用紅色6號等27種
香料	增加食品香味	香莢蘭醛等90種
人工甘味	甜味劑	阿斯巴甜、醋磺內酯鉀、山梨醇、糖精等

烹調原則

❶ 烹調時，儘量簡單兼具原味，可採用檸檬、蔥、蒜、九層塔、芫荽或天然香料等溫和食材來調味，增加可口性。避免選用精製加工的食物及刺激性的調味料。

❷ 烹調時間勿太長，以免養分流失，能生吃則生吃。

❸ 過度的清洗、剝皮會損失食物中的礦物質、維生素、及微量元素等。料理時，最好用少量的水烹煮。

❹ 烹調的方式，可選用不沾鍋煎或蒸、烤、燉、煮等，來保持食物的原味。

結論

　　五穀、水果、硬殼果和菜蔬……，依最自然、最簡單的方法調製，便是最有益最養生的食物，其足以增添人的身體和心智方面一種堅強耐久的能力，是其他複雜而刺激性的食物所不能供給的。（節錄自懷愛倫《論飲食》第57頁，2001年版）

天然溫和香料介紹——工欲善其事·必先利其器

匈牙利紅椒粉	蒔蘿草	鬱金香粉	香蒜粉
啤酒酵母片	義大利香料	洋香菜	胡蘿巴

烹飪用具介紹

果汁機

量匙
1大匙=15cc
1茶匙=5cc
½茶匙=2.5cc

百里香　　　　甜羅勒　　　　月桂葉　　　　小茴香

紅椒粉　　　　洋蔥粉　　　俄力岡香粉　　　大茴香

量杯240cc=16大匙

不沾烤模

不沾土司模型

PART ①
愛家庭の料理：米食、麵食、家常菜、湯品

黃璁寧醫師說：「當醫生的父親每天回家吃晚飯，這是一個需要堅持的抉擇，更是父親對家庭的愛。」愛家庭料理，為你心愛的家人準備36道米食、麵食、家常菜和湯品，細心呵護家人的健康。

營養師教室

多選用全穀根莖類的食物，以替代精製的白米、白麵。

所謂全穀的食物，即未經加工或加工最少的穀類，包含胚芽、胚乳及麩皮，如：糙米、全麥麵粉、燕麥、薏仁、蕎麥等，其所含的營養素，如：維生素B群、維生素E、膳食纖維及礦物質比白米、白麵粉高出很多，這些營養素大都集中在胚芽及麩皮部分，在人體內參與重要生理調節的功能。

able Foods, Soups

雜糧飯

TIPS

- 用電鍋蒸煮雜糧飯，開關跳上後，勿馬上掀蓋，外鍋可再加少許水，按下開關，等第二次開關跳上後，燜約5～10分鐘即可。
- 可依個人喜好，選用其它全穀類、豆類，替代食譜使用的食材。如：燕麥粒、蕎麥、黃豆、紅豆等。

做法

1. 將所有材料混合洗淨。
2. 加入適量的水浸泡約30分鐘後，將浸泡的水倒掉，再加水約2杯，放入電鍋，外鍋加水約1 ½杯，蒸熟即可。

材料

Ⓐ 大薏仁½杯、紫米½杯、米豆½杯
　糙米1½杯、水約2杯

營養分析

供應份數：約6平碗

營養成分/碗	熱量222大卡	熱量比例
醣類（克）	44	80%
蛋白質（克）	7	12%
脂肪（克）	2	8%
鈉（毫克）	5	
鈣（毫克）	16	
膳食纖維（克）	4	

營養小常識

- 糙米、紫米：均屬全穀類，富含澱粉、維生素B群、維生素E、鐵質、膳食纖維、植物性化合物等，營養價值較精製白米高。
- 薏仁：屬全穀類，富含澱粉、維生素B群、膳食纖維、礦物質、及微量元素。有助補身、利尿、及解熱。
- 米豆：俗稱黑眼豆，富含蛋白質，素食者可將其與穀類一起搭配烹煮，經由「互補作用」，可提昇蛋白質的利用率。
- 糖尿病患或體重控制者，可選用雜糧飯作為飲食計畫中主食的一部分，1平碗雜糧飯可替換約3份主食。

Assorted Grain Rice

養生粥
Oatmeal with Assorted Vegetables

做法

1. 將 Ⓐ 中的洋蔥、胡蘿蔔去皮洗淨切絲；高麗菜洗淨、香菇泡軟切絲；芹菜去葉洗淨切末，備用。
2. 炒鍋加水約2大匙，放入香菇炒香，依序加入洋蔥、胡蘿蔔、高麗菜，煮軟後，加入水約8杯，煮滾後，放入 Ⓑ 中的燕麥片煮熟，再放入杏仁醬及調味料拌勻，最後加入芹菜末即可。

材料

Ⓐ 洋蔥¼個、香菇5朵、胡蘿蔔（中）½根、高麗菜¼個
Ⓑ 水8杯、燕麥片2杯、杏仁醬（隨意）2大匙、芹菜末¼杯

調味料

鹽½茶匙、天然無發酵醬油1大匙

TIPS

切洋蔥前先泡水，可避免刺激眼睛流淚；洋蔥煮久一點，亦可增加湯汁的鮮甜味道。

營養分析

供應份數：約10平碗

營養成分/碗	熱量132大卡	熱量比例
醣類（克）	17.2	52%
蛋白質（克）	4.1	12%
脂肪（克）	5.2	36%
鈉（毫克）	239.0	
鈣（毫克）	121.0	
膳食纖維（克）	1.3	

營養小常識

· 洋蔥中含有大蒜素等的硫化物及硒微量元素，有抗凝血、抗氧化、助消化、通便的功效。
· 此道鹹粥使用洋蔥、胡蘿蔔及高麗菜等食材，都含有豐富的植物化合物，具有抗氧化的功效，是一道老少咸宜的營養早餐或點心。

小米番薯粥
Millet and Sweet Potato Porridge

做法

小米洗淨，番薯去皮洗淨切丁，放入電鍋內鍋，加水約7杯，外鍋放水1杯，煮至番薯熟軟即可。食用前，可撒些枸杞配色。

材料

小米1杯、番薯（中）3條、水7杯、枸杞（隨意）酌量

TIPS

喜愛甜味者，煮小米粥時可加些桂圓肉或椰棗一起煮，是進補體力的主食。

營養分析

供應份數：約10平碗

營養成分/碗	熱量146大卡	熱量比例
醣類（克）	31.3	86%
蛋白質（克）	2.9	8%
脂肪（克）	1.0	6%
鈉（毫克）	36.0	
鈣（毫克）	23.0	
膳食纖維（克）	2.2	

營養小常識

- 番薯又稱地瓜，含豐富纖維質，有通便、解除便祕的困擾，且含豐富的 β-胡蘿蔔素，可提升免疫力，對皮膚、黏膜都有很好的保護作用。
- 小米富含鈣、鐵，膳食纖維，較一般白米含量高，其中維生素B_1更是穀物之冠，營養價值高。
- 一般穀物偏弱酸，而根莖類則屬弱鹼，多選用根莖類為主食來源，有助調節血液的酸鹼平衡。

紅豆紫米粥

TIPS

· 蜂蜜需於起鍋前再加入，否則紅豆不易熟透。

· 紅豆、紫米煮軟後，再加入紅棗，口感較好。

做法

1. 先將紫米洗淨，浸泡水約30分鐘，瀝去水分，備用。
   紅豆、紅棗洗淨，備用。

2. 鍋內放入紅豆、紫米，加水約8杯，先開大火，煮滾後，改中小火，煮至紅豆、紫米煮軟後，再加入紅棗繼續煮約2～3分鐘，起鍋前加入蜂蜜拌勻即可。

材料

Ⓐ 紅豆2杯、紫米1杯、水8杯、紅棗約10粒、蜂蜜½杯

營養分析

供應份數：約12平碗

營養成分/碗	熱量188大卡	熱量比例
醣類（克）	37.2	79%
蛋白質（克）	8.4	18%
脂肪（克）	0.6	3%
鈉（毫克）	1.7	
鈣（毫克）	39.6	
膳食纖維（克）	4.3	

營養小常識

紅豆富含醣類、蛋白質、維生素B群、鐵、磷、鉀、纖維質等營養素，具有潤腸通便、降血壓、血脂、利尿、消水腫的功效，但易脹氣者宜少食。

Red Bean and Black Rice Sweet Soup

甜八寶飯

TIPS

八寶飯使用的食材減半，增加水分約8杯，放入鍋中一起煮，就變成好吃的八寶粥，很適合老人、小孩食用。

做法

1. 白糯米、紫米洗淨，浸泡水約30分鐘，瀝乾水分，備用。
2. 紫米、白糯米放入電鍋，內鍋加水約 2 杯，外鍋加水約1杯，蒸熟成糯米飯，趁熱加入椰棗丁、蜂蜜¼杯拌勻，備用。
3. 紅豆、花豆、蓮子分別煮軟，且分別各加2大匙蜂蜜拌勻，紅棗在滾水中略煮一下即可撈出，白芝麻用小火炒過或烤過，備用。
4. 取一大碗容器或模型，在底部先排列紅棗、紅豆、花豆、蓮子，再壓上糯米飯，然後倒扣在盤中，灑上白芝麻即可。

材料

Ⓐ 紫米1杯、白糯米1杯
Ⓑ 紅豆½杯、花豆½杯、蓮子½杯、紅棗10粒
Ⓒ 椰棗（去籽，切小丁）¾杯、蜂蜜¼杯
　　白芝麻（炒過）2大匙

營養分析

供應份數：約12平碗

營養成分/份	熱量195大卡	熱量比例
醣類（克）	40.3	83%
蛋白質（克）	5.6	11%
脂肪（克）	1.3	6%
鈉（毫克）	4.0	
鈣（毫克）	21.0	
膳食纖維（克）	2.8	

營養小常識

此道甜八寶飯富含澱粉、膳食纖維及少量油脂，且使用少許蜂蜜作甜味劑，熱量也較低。而市售的甜八寶飯含油脂及糖分較高，容易攝取過多的熱量，造成肥胖。

Sweet Rice with Eight Treasures

TIPS

可先將糙米煮成飯，等其它食材炒好後，再一起混合翻炒拌勻即可。

西班牙飯

做法

1. 先將糙米洗淨，浸泡水中約30分鐘後，瀝去水分，備用。
2. 洋蔥去皮洗淨切丁；青椒、番茄洗淨切丁，備用。
3. 使用厚底不沾平底鍋加水約¼杯，先炒洋蔥呈透明狀後，加入番茄、黑橄欖繼續炒勻，然後加入糙米、水1½杯及調味料拌勻，加蓋，先開大火煮沸後，改用小火煮至糙米飯熟後，再加入青椒拌炒均勻即可。

材料

Ⓐ 洋蔥（中）½個、青椒¼杯、番茄 1 杯
黑橄欖（片）2大匙（隨意）、水¼杯
Ⓑ 糙米¾杯、水1½杯

調味料

鹽1茶匙、鬱金香粉½茶匙、天然無發酵醬油½大匙
香菇調味料¼茶匙

營養分析

供應份數：約4平碗

營養成分/碗	熱量156大卡	熱量比例
醣類（克）	32.4	83%
蛋白質（克）	3.7	9%
脂肪（克）	1.3	8%
鈉（毫克）	143.0	
鈣（毫克）	16.0	
膳食纖維（克）	2.0	

營養小常識

· 鬱金香粉富含薑黃素，具抗發炎、抗氧化的作用，有助降低膽固醇、預防某些癌症的發生。
· 鬱金香粉是咖哩的主要成分，但不含一般市售咖哩粉添加其他刺激辛辣的香料，是天然健康的調味料。

Spanish Rice

TIPS

- 水餃餡的食材，可用食物調理機或果汁機攪碎，方便又省時。
- 餃子餡使用的食材，可依個人喜好多作變化，如：豆干、玉米粒、胡蘿蔔、香菇及胡瓜，亦是不錯的組合。

全麥素水餃

做法

1. 韭菜、高麗菜、豆包分別洗淨切細丁；胡蘿蔔去皮洗淨切碎；香菇泡軟切細丁，備用。
2. 韭菜放入容器內，撒少許鹽拌勻，置放約20分鐘，使韭菜組織軟化，去除多餘水分，備用。
3. 炒鍋內加水約2大匙，放入香菇炒香後、加入豆包、醬油，使豆包入味後，再放入胡蘿蔔、高麗菜、鹽、香菇調味料拌炒一下，熄火，最後放入韭菜拌勻即可作為餃子餡。
4. 可買現成的餃子皮，也可自己作，如下：1杯全麥麵粉加3杯中筋白麵粉加1½杯水混合，依照稠度增減水量，揉成麵糰，再分成小麵糰擀成餃子皮。

材料

Ⓐ 韭菜（切細丁）2杯、香菇（泡軟切細丁）3朵
溼豆包（切細丁）2杯、紅蘿蔔（切碎）1杯
高麗菜（切碎）2杯

調味料

鹽1茶匙、天然無發酵醬油2大匙、香菇調味料¼茶匙

營養分析

供應份數：約45粒

營養成分/粒	熱量38大卡	熱量比例
醣類（克）	6.2	65%
蛋白質（克）	2.2	23%
脂肪（克）	0.5	12%
鈉（毫克）	44.0	
鈣（毫克）	9.0	
膳食纖維（克）	0.7	

營養小常識

水餃也是主食的來源之一，針對糖尿病患者或減重者，3粒水餃相當1份主食及½份蛋白質。

Boiled Dumplings

杏仁醬汁涼麵

TIPS

食材中的腰果亦可用炒過的白芝麻替代。

做法

1. 全麥麵條煮熟後，放入冷開水或可食用冰水中浸泡一下，撈出，瀝乾水分，備用。
2. 胡蘿蔔去皮洗淨切絲；小黃瓜洗淨切絲；綠豆芽洗淨川燙，撈出，瀝去水分，備用。
3. 將 **B** 材料中的腰果及冷開水1杯及蜂蜜放入果汁機內打成質地勻細狀，加入 **C** 中的材料繼續打勻，作成杏仁醬汁。
4. 全麥涼麵盛盤，上面放胡蘿蔔絲、小黃瓜絲及綠豆芽，然後淋上杏仁醬汁。

材料

A 全麥麵條（煮熟）4杯
B 腰果¼杯、冷開水1杯、蜂蜜1大匙
C 洋蔥（切碎）¼杯、檸檬汁1茶匙、洋蔥粉1大匙
　　天然無發酵醬油1大匙、蒜粉1匙或蒜頭3瓣
　　鹽¼茶匙、杏仁醬¼杯
D 胡蘿蔔（中）1根、小黃瓜1根、綠豆芽1杯

營養分析

供應份數：約6人份

營養成分/份	熱量378大卡	熱量比例
醣類（克）	60.1	63%
蛋白質（克）	14.0	15%
脂肪（克）	9.1	22%
鈉（毫克）	254.0	
鈣（毫克）	51.7	
膳食纖維（克）	5.8	

營養小常識

市售的涼麵大都使用添加鹼、防腐劑或其他化學物質的油麵，常食用，對身體健康會有影響。而本食譜使用不含任何添加物的全麥麵條，搭配天然油脂作成的醬汁，是一道健康、可口的麵點。

Noodles with Almond Sauce

TIPS

此道炒麵是用水炒方式，不含精製提煉油，可作為體重控制或糖尿病患者主食的來源，1平碗的炒麵相當於2份主食。

什錦炒麵

做法

1. 洋蔥、胡蘿蔔去皮洗淨切絲；香菇泡軟、高麗菜洗淨切絲，備用。
2. 全麥麵條煮成半熟，撈出，瀝乾水分，備用。
3. 炒鍋加水約½杯，放入香菇炒香、依序加入洋蔥、胡蘿蔔、高麗菜及調味料 Ⓐ 至食材煮軟後，倒入全麥麵條拌勻，淋入 Ⓑ 中的太白粉水芶薄芡即可。

材料

Ⓐ 全麥麵條（煮半熟）3杯
Ⓑ 香菇3朵、洋蔥½個、胡蘿蔔（中）½根、高麗菜¼顆

調味料

Ⓐ 鹽½茶匙、天然無發酵醬油1大匙、香菇調味料¼茶匙
Ⓑ 太白粉2大匙、水4大匙

營養分析

供應份數：約5人份

營養成分/份	熱量253大卡	熱量比例
醣類（克）	51.5	81%
蛋白質（克）	8.8	14%
脂肪（克）	1.3	5%
鈉（毫克）	341.0	
鈣（毫克）	63.0	
膳食纖維（克）	2.7	

營養小常識

此道食譜使用天然無發酵醬油，主要成分為黃豆、天然海鹽及水，含有黃豆蛋白及異黃酮素，不含任何添加物及防腐劑，是天然健康的調味料，亦可避免因發酵食品引起的黃麴毒素污染。

Stir-fried Noddles with Assorted Vegetables

TIPS

檸檬汁在起鍋前再加入，可降低維生素C
的流失。

大魯麵

做法

1. 先將全麥麵條煮熟，過冰水或冷開水，撈起，備用。
2. 胡蘿蔔、洋蔥去皮洗淨切絲；大白菜、番茄洗淨切片；香菇、
   木耳泡軟切絲；青蔥、香菜洗淨切碎；豆腐洗淨切粗條狀，備
   用。
3. 炒鍋內加水約½杯，放入香菇炒香、依序加入木耳、洋蔥、番
   茄、胡蘿蔔、大白菜、豆腐、水6杯及調味料 Ⓐ ，至食材煮入
   味後，加入全麥麵條拌勻，淋入調味料 Ⓑ 中的太白粉水芶薄
   芡。起鍋前，淋上檸檬汁及撒上青蔥、香菜即可。

材料

Ⓐ 全麥麵條（依人數而定）3杯
Ⓑ 香菇（乾）3朵、木耳（乾）3片、胡蘿蔔（中）½根
　 洋蔥⅓個、番茄1個、大白菜¼顆、老豆腐300克
Ⓒ 青蔥（末）½杯、香菜（切碎）¼杯

調味料

Ⓐ 天然無發酵醬油2大匙、鹽½茶匙
Ⓑ 太白粉2大匙、水3大匙、新鮮檸檬汁2大匙

營養分析

供應份數：約5人份

營養成分/份	熱量306大卡	熱量比例
醣類（克）	52.1	68%
蛋白質（克）	14.2	19%
脂肪（克）	4.5	13%
鈉（毫克）	335.0	
鈣（毫克）	93.0	
膳食纖維（克）	2.4	

營養小常識

一般大魯麵使用醋作調味料，而此道食譜採用新鮮檸檬汁來提酸味，不僅可提
供維生素C，還可增加清新、爽口的風味。

Noodles in Vegetable Soup

TIPS

· 選購馬鈴薯，在凹處最好不要有隱芽，因隱芽發芽後含有茄鹼，食用過多，易引起中毒，導致腹痛，頭暈、腹瀉等症狀。

· 使用腰果奶（生腰果¼杯+冷開水1杯打成奶）替代全豆奶，亦是不錯的選擇。
（可參考第118頁）

馬鈴薯麵疙瘩

做法

1. 馬鈴薯去皮洗淨切塊，蒸熟搗成泥，與全麥、高筋麵粉及水約1杯揉成麵糰，用保鮮膜包好，冷藏30分鐘。

2. 將馬鈴薯麵糰搓成細長條，切成麵疙瘩狀，放入沸水煮熟，撈起。

3. 炒鍋內加水約2湯匙，放入香菇、蒜末、洋蔥炒香，然後加入5杯水，再加入青豆仁、高麗菜絲、胡蘿蔔絲及調味料，煮滾後，放入麵疙瘩、豆奶拌勻，起鍋前，加入芹菜末即可。

材料

Ⓐ 馬鈴薯（中）1個、全麥麵粉1杯、高筋麵粉½杯、水1杯

Ⓑ 洋蔥（切絲）½杯、青豆仁¼杯、胡蘿蔔（切絲）½根
香菇（泡軟切絲）3朵、高麗菜（切絲）¼個（隨意）
芹菜（末）少許

Ⓒ 全豆奶2杯（請參考第120頁全豆奶製作食譜）

調味料

蒜末½茶匙、天然無發酵醬油1湯匙、香菇調味料¼茶匙
鹽少許

營養分析

供應份數：約8人份

營養成分/份	熱量167大卡	熱量比例
醣類（克）	28.6	69%
蛋白質（克）	6.9	17%
脂肪（克）	2.7	14%
鈉（毫克）	225.0	
鈣（毫克）	27.0	
膳食纖維（克）	2.8	

營養小常識

馬鈴薯又稱洋芋，富含澱粉、維生素C、B群、鉀及纖維質（皮的部分），有增強免疫力，維持心臟功能和血壓正常的功效。

Potato Gnocchi

香烤番茄通心麵

TIPS

· 添加適量的番茄糊，可提升濃郁的番茄味。

· 如果家中沒有烤箱，可將拌好的通心粉放入不沾平底鍋，用小火煮至留少許湯汁即可。

做法

1. 彩色蔬菜通心粉煮熟後，撈出，瀝乾水分，備用。
2. 紅番茄洗淨切小丁；洋蔥去皮洗淨切小丁，備用。
3. 將 Ⓐ 中的腰果與水1杯放入果汁機打成質地勻細狀，加入 Ⓑ 中的番茄、洋蔥、蒜末及調味料繼續打成醬後，與通心粉拌勻，倒入烤盤內，放入烤箱（預熱溫度170℃），烤約20分鐘即可。

材料

Ⓐ 腰果½杯、水1杯

Ⓑ 紅番茄（中）3個、洋蔥½個、蒜頭（末）1茶匙
　鹽½茶匙、水1杯

Ⓒ 彩色蔬菜通心粉½包

營養分析

供應份數：約6人份

營養成分/份	熱量254大卡	熱量比例
醣類（克）	42.9	68%
蛋白質（克）	9.7	15%
脂肪（克）	9.7	17%
鈉（毫克）	198.0	
鈣（毫克）	37.0	
膳食纖維（克）	2.8	

營養小常識

番茄含豐富的茄紅素、維生素C、多種維生素及礦物質，可增強免疫力及預防某些癌症的罹患。此外，據研究報告顯示：番茄在加熱過程中，植物的細胞壁被破壞，使得茄紅素更易釋出，同時與油脂（來自腰果）一起烹調食用，可增加茄紅素的吸收及利用。

Baked Macaroni with Tomato Sauce

腰果綠花菜

做法

1. 將 **Ⓐ** 組中的綠花菜洗淨切成小朵，紅甜椒洗淨切小丁，分別在沸水中汆燙，撈出瀝乾水分，備用。
2. 將 **Ⓑ** 組中所有材料，放入果汁機打勻，倒入鍋內，用小火煮至稠狀，需不停攪拌，以免燒焦，作成腰果沙拉醬。
3. 將綠花菜排入盤中，淋上腰果沙拉醬，及灑些紅甜椒丁即可（或將腰果醬與綠花菜拌勻，盛入盤中，上面灑些紅甜椒丁）。

材料

Ⓐ 綠花菜（大）1棵、紅甜椒½個
Ⓑ 生腰果20克、水⅔杯、洋蔥粉½茶匙、鹽½茶匙
　　太白粉2大匙、水4大匙

營養分析

供應份數：約4人份

營養成分	熱量300大卡	熱量比例
醣類（克）	38.4	51%
蛋白質（克）	13.6	18%
脂肪（克）	10.3	31%
鈉（毫克）	1581.0	
鈣（毫克）	149.0	
膳食纖維（克）	9.6	

營養小常識

· 綠花菜屬於十字花科蔬菜，富含維生素C、β-胡蘿蔔素、葉酸、鈣、硒、纖維質等營養素，此外還含有吲哚（Indoles）等植物化合物。常食用，能維持免疫系統，預防中風和癌症的發生。
· 此道腰果綠花菜，所含油脂比例占31%，如要降低油脂的攝取量，不妨減少食材中腰果的分量。

Broccoli with Cashew Sauce

芝麻芥藍
Chinese Kale with Soy Sauce and Sesame

做法

1. 小芥藍菜洗淨，放入沸水中燙軟撈出，瀝乾水分，切段，排入盤中，備用。
2. 炒鍋內放入 Ⓑ 組中的醬油、鹽、蜂蜜及水2大匙，煮沸後，加入 Ⓒ 組中的糯米粉水，芶薄芡，淋在小芥藍菜上，最後撒上芝麻即可。

材料

Ⓐ 小芥藍菜600克、白芝麻（炒熟）1大匙
Ⓑ 天然無發酵醬油1大匙、鹽½茶匙、蜂蜜1茶匙、水2大匙
Ⓒ 糯米粉1大匙、水 2大匙

營養分析

供應份數：約6人份

營養成分	熱量840大卡	熱量比例
醣類（克）	38.4	52%
蛋白質（克）	17.0	23%
脂肪（克）	8.0	25%
鈉（毫克）	2323.0	
鈣（毫克）	1319.0	
膳食纖維（克）	11.4	

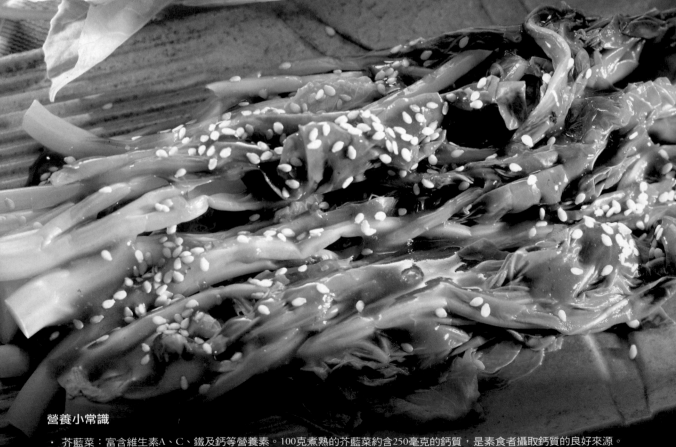

營養小常識

- 芥藍菜：富含維生素A、C、鐵及鈣等營養素。100克煮熟的芥藍菜約含250毫克的鈣質，是素食者攝取鈣質的良好來源。
- 白芝麻：富含油脂、維生素B群、E，鐵及磷等礦物質，有益肝、補腎、養血的功效。

杏仁四季豆
String Beans with Almond Sauce

做法

1. 將 Ⓐ 組中所有材料用果汁機打勻，作成杏仁沙拉醬，備用。
2. 四季豆去頭尾及老絲，洗淨切段，紅甜椒洗淨切小丁。
3. 四季豆在沸水中燙過，撈出瀝乾水分，待涼，放入盤中，然後淋上杏仁沙拉醬，再撒上紅甜椒丁即可。

材料

Ⓐ 杏仁醬2大匙、檸檬汁1大匙、蜂蜜1大匙
洋蔥粉½大匙、香蒜粉½茶匙、鹽½茶匙、水½杯

Ⓑ 四季豆600克、紅甜椒1個

營養分析

供應份數：約8人份

營養成分	熱量395大卡	熱量比例
醣類（克）	70.5	57%
蛋白質（克）	16.9	14%
脂肪（克）	15.8	29%
鈉（毫克）	1906.0	
鈣（毫克）	320.0	
膳食纖維（克）	17.4	

營養小常識

· 四季豆：又名敏豆或菜豆，含有醣類、蛋白質、鈣、磷、鐵、及維生素B₁、B₂、C等營養素，營養價值高，可增強免疫功能。 此外，其豆莢亦含多量纖維質，有促進腸道蠕動，減輕便祕的功效。

· 甜椒：其顏色從深綠色到火紅色均有，不僅可增添料理的色彩、甜味，亦含有大量的維生素C和β-胡蘿蔔素，是營養價值很高的蔬菜。

TIPS

- 馬鈴薯，發芽部分含有茄鹼，如食用過多，易引起腹痛、頭暈、腹瀉等中毒症狀。在煮之前，應將發芽部分削去或棄之不用。
- 全豆奶的製做請參考第120頁。

蘑菇馬鈴薯泥

做法

1. 馬鈴薯去皮洗淨切塊，蒸熟後壓成泥狀，與全豆奶和鹽拌勻，用冰淇淋杓舀成一球球排在盤中，備用。
2. 蘑菇洗淨切片，燙熟，巴西里洗淨切碎，備用。
3. 將 Ⓒ 中的生腰果加水打成腰果奶，倒入鍋中，加入 Ⓓ 中所有調味料和蘑菇煮成濃汁，淋在馬鈴薯泥上，撒上巴西里末即可。

材料

Ⓐ 馬鈴薯（中）4個、全豆奶1杯、鹽½茶匙
Ⓑ 新鮮蘑菇6朵、巴西里（末）2大匙
Ⓒ 生腰果½杯、水2杯

調味料

Ⓓ 天然無發酵醬油2大匙、太白粉2茶匙、洋蔥粉2茶匙
　鹽¼茶匙、啤酒酵母粉（隨意）1大匙

營養分析

供應份數：約6人份

營養成分	熱量1061大卡	熱量比例
醣類（克）	145.8	55%
蛋白質（克）	43.6	16%
脂肪（克）	33.7	9%
鈉（毫克）	1888.0	
鈣（毫克）	66.5	
膳食纖維（克）	14.1	

營養小常識

- 馬鈴薯：富含澱粉、維生素C、維生素B群、鉀、及纖維質，能維持心血管、神經系統，及預防高血壓的功能。
- 蘑菇：亦名洋菇，富含多種人體必需的氨基酸、蛋白質、礦物質及豐富的維他命，營養價值高，且熱量低。
- 巴西里：又稱洋香菜，大部分的人認為這種植物只是用作菜餚的盤飾，其實它含有多量的維生素C、 β-胡蘿蔔素，及植物性化合物（Phytochemicals）。這些營養素及植物化合物能強化免疫系統、預防癌症和心臟病。
- ½碗馬鈴薯泥約含176大卡熱量，糖尿病患或減重者，在其飲食計畫中，可替換2份主食及1份油脂。

Mashed Potatoes with Mushroom Sauce

桔汁高麗菜芽

TIPS

此道菜加了少許柳橙汁，可減少鹽的使用量，卻添增水果酸甜的風味。

做法

1. 高麗菜芽去掉外層老葉洗淨，每個切成四等分，胡蘿蔔去皮洗淨、切絲。將高麗菜芽及胡蘿蔔絲分別放入滾水中汆燙後，撈出，瀝乾水分，備用。

2. 炒鍋內加水⅓杯，煮滾後，放入柳橙汁½杯、鹽½茶匙及 **C** 組的太白粉水，然後放入高麗菜芽，胡蘿蔔絲拌勻，盛入盤中，灑上杏仁片即可。

材料

A 高麗菜芽300克、胡蘿蔔½根、杏仁片（烤過）1大匙

B 水⅓杯、新鮮柳橙汁½杯、鹽½茶匙

C 太白粉1½大匙、水3大匙

營養分析

供應份數：約4人份

營養成分	熱量311大卡	熱量比例
醣類（克）	50.8	65%
蛋白質（克）	8.6	11%
脂肪（克）	8.1	24%
鈉（毫克）	1504.0	
鈣（毫克）	249.0	
膳食纖維（克）	2.9	

營養小常識

· 高麗菜芽，又稱「芽甘藍」，除含豐富的維生素C、β-胡蘿蔔素、葉酸、鉀及纖維質外，還和其他十字花科蔬菜一樣，含有許多抗癌化合物，如：吲哚（Indoles）化合物、蘿蔔硫素等，具有抗氧化的作用，能幫助預防癌症及冠狀動脈硬化的疾病。

· 常食用此道菜，不但可以預防便祕、痔瘡等消化道的問題，其所提供的「葉酸」更是對正常組織成長不可缺的營養素。因此，除能預防某些癌症及心臟病外，對於女性，尤其是懷孕或服用避孕藥物的婦女，建議多加攝取。

Brussels Sprouts with Orange Sauce

TIPS

玉米，一般都用作副食或點心，較不適
合長期當作主食食用，因其蛋白質中的
離氨酸、色氨酸含量很少，故最好能搭
配其他穀類或豆類一起食用。

烤玉米糕

做法

1. 馬鈴薯削皮、洗淨切小丁，番茄洗淨切小丁，備用。
2. 將 Ⓑ 組中所有材料放入果汁機打成泥，倒入容器內，加入 Ⓐ
   組中的馬鈴薯丁、番茄丁及麵包屑拌勻後，倒入不沾烤盤，放
   入烤箱（預熱180℃）烤約45分鐘，呈金黃色即可。

材料

Ⓐ 馬鈴薯（中）2粒、番茄1個、全麥麵包屑1杯
Ⓑ 玉米粒2杯、洋蔥½個、洋蔥粉1茶匙、鹽1茶匙
　腰果⅓杯、水2杯、匈牙利紅椒粉¼茶匙

營養分析

供應份數：約8人份

營養成分	熱量954大卡	熱量比例
醣類（克）	154.0	65%
蛋白質（克）	28.4	12%
脂肪（克）	25.0	23%
鈉（毫克）	2877.0	
鈣（毫克）	156.0	
膳食纖維（克）	15.5	

營養小常識

- 玉米：主要成分為澱粉，但也含有蛋白質、脂肪、維生素A、E、鉀、及纖
  維質，且其中所含的油脂，一半以上來自亞麻油酸，有助降低膽固醇，預
  防高血壓。
- 匈牙利紅椒粉：是西方料理中最常用的香料，其濃郁的香氣和鮮艷的紅
  色，可讓菜餚增色不少。
- 玉米，一般都用作副食或點心，較不適合長期當作主食食用，因其蛋白質
  中的離氨酸、色氨酸含量很少，故最好能搭配其他穀類或豆類一起食用。

Corn Casserole

香菇素排

香菇素排製做過程

做法

1. 將香菇、豆包切碎，備用。

2. 炒鍋內加水約¾杯、香菇、醬油及調味料煮滾，然後加入豆包，偶爾翻動，使豆包能吸收湯汁，用小火煮至湯汁收盡，但需注意避免豆包黏在鍋底燒焦。

3. 準備一個不鏽鋼便當盒（或選擇自己喜歡的模型），盒底鋪上一層玻璃紙，將 ❷ 項材料放入，壓緊蓋好，用電鍋蒸約一小時，待涼後切片，即可成為一道主菜。

材料

豆包10片、香菇（泡軟）10～12朵、天然無發酵醬油⅓杯
水¾杯、蜂蜜1大匙、鹽¼茶匙

營養分析

供應份數：約15人份

營養成分	熱量1554大卡	熱量比例
醣類（克）	71.8	18%
蛋白質（克）	182.3	47%
脂肪（克）	59.8	35%
鈉（毫克）	3360.0	
鈣（毫克）	428.0	
膳食纖維（克）	13.0	

營養小常識

· 豆包：蛋白質含量高，熱量低，不含膽固醇，且和其它黃豆產品一樣含有豐富的植物性激素——異黃酮素，有助減輕婦女更年期的症狀及降低乳癌的罹患。

· 香菇：富含維生素B_1、B_2、鉀、鐵等營養素、屬高鹼性食物。此外還含有鳥核酸，為香菇風味的主要成分。

· 慢性疾病患者可常食用黃豆製品，作為蛋白質的主要來源，能減少膽固醇及飽和脂肪酸的攝取，降低心血管疾病的發生。

Skin Bean Curd with Black Mushroom

燴芥菜心

做法

1. 將 Ⓐ 組材料的芥菜心洗淨切成大片，放入沸水中汆燙撈出，瀝去水分，備用。
2. 紅甜椒洗淨切細絲，金針菇洗淨切段、玉米粒洗淨備用。
3. 炒鍋加少許水，煮沸後，放入芥菜心片、紅甜椒絲、金針菇、玉米粒、鹽，入味後，加入太白粉水芶薄芡即可。

TIPS

芥菜心，本身稍具苦味，在沸水中稍微汆燙，即可除去苦味，但勿燙太久，以免影響菜的色澤。

材料

Ⓐ 高芥菜心600克、金針菇50克、紅甜椒½個、玉米粒¼杯
Ⓑ 鹽1茶匙、太白粉1大匙、水4大匙

營養分析

供應份數：約6人份

營養成分	熱量222大卡	熱量比例
醣類（克）	40.1	72%
蛋白質（克）	6.9	12%
脂肪（克）	3.8	16%
鈉（毫克）	2268.0	
鈣（毫克）	614.0	
膳食纖維（克）	12.8	

營養小常識

芥菜屬十字花科蔬菜，富含鐵、鈣及抗癌的的化合物質，尤其維生素C、及β-胡蘿蔔素更是豐富，可幫助降低心臟病及某些癌症的罹患，並能增強免疫系統，抵抗疾病的能力。

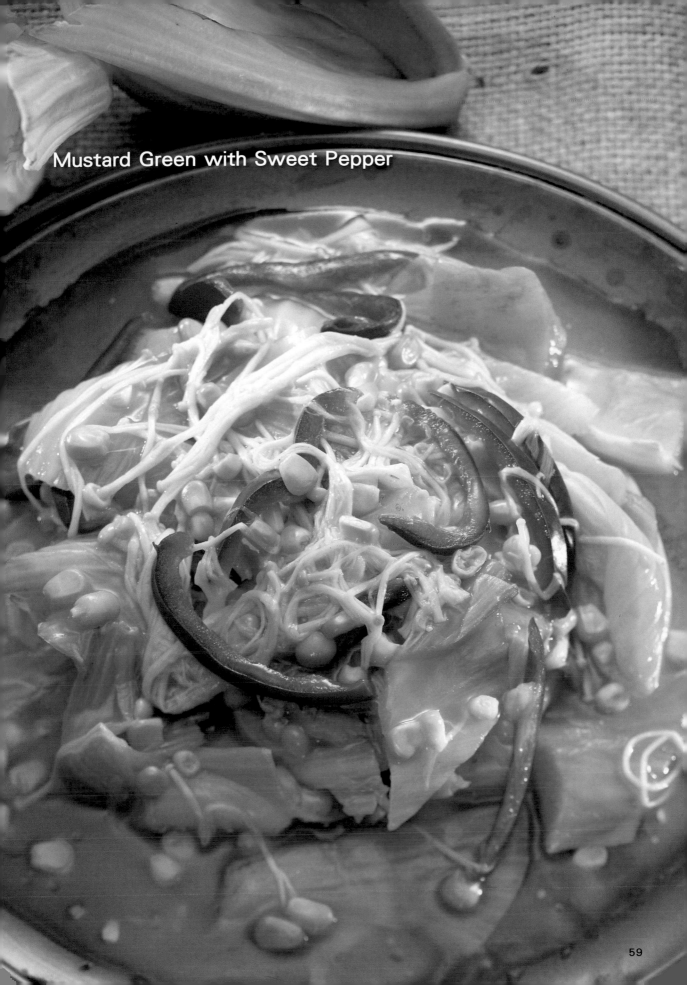

Mustard Green with Sweet Pepper

翠玉皇帝豆

做法

1. 皇帝豆洗淨、放入沸水中煮軟撈起，備用。
2. 菠菜洗淨切碎，胡蘿蔔去皮洗淨切成小丁。
3. 炒鍋內加水約½杯，煮滾後，依序加入胡蘿蔔丁煮軟，再加入皇帝豆、鹽，入味後，放入菠菜，起鍋前，再加入太白粉水，芶薄芡即可。

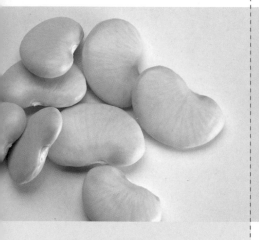

材料

Ⓐ 皇帝豆300克、菠菜（切碎）½杯、胡蘿蔔（小）½根
Ⓑ 鹽½茶匙、太白粉1大匙、水3大匙

營養分析

供應份數：約6人份

營養成分	熱量428大卡	熱量比例
醣類（克）	73.6	69%
蛋白質（克）	28.7	27%
脂肪（克）	2.1	4%
鈉（毫克）	1240.0	
鈣（毫克）	144.0	
膳食纖維（克）	19.6	

營養小常識

· 皇帝豆：富含醣類、蛋白質、維生素C及鐵質等多種營養素，有助調節體內的生理機能。
· 菠菜：含豐富的鐵質、維生素C、葉酸、β-胡蘿蔔素、及纖維質。屬高鹼性蔬菜，常食用，可改善缺鐵性貧血，增強身體新陳代謝的功能。但其含草酸較高，最好與含鈣豐富的食物分開時間食用、避免形成草酸鈣，影響鈣的吸收及利用。

Stir-Fried Lima Beans with Spinach

雪蓮子豆燒芋頭

做法

1. 雪蓮子豆煮熟，芋頭、胡蘿蔔去皮洗淨切丁，分別煮軟，洋香菜洗淨切碎，備用。
2. 美芹洗淨，去除老絲切丁，在沸水中汆燙一下，撈出，瀝乾水份，備用。
3. 將 **B** 組材料的腰果與水，用果汁機打勻成腰果奶，備用。
4. 炒鍋內加水約1杯，將雪蓮子豆、芋頭、胡蘿蔔及 **3** 項中的腰果奶放入，煮沸後，加入 **C** 組的醬油及鹽，改小火，繼續煮約5分鐘，起鍋前，加入美芹丁、洋香菜拌勻即可。

材料

A 雪蓮子豆½杯、芋頭（中）1個、美芹½杯、胡蘿蔔½根 洋香菜⅓杯

B 腰果¼杯、水2杯

C 天然無發酵醬油1大匙、鹽¾茶匙

營養分析

供應份數：約8人份

營養成分	熱量1075大卡	熱量比例
醣類（克）	198.5	74%
蛋白質（克）	29.2	11%
脂肪（克）	18.2	15%
鈉（毫克）	2776.0	
鈣（毫克）	323.0	
膳食纖維（克）	17.9	

營養小常識

雪蓮子豆，又稱埃及豆或雞豆，是埃及人菜餚中常用的一種食材，富含醣類、蛋白質等營養素，為素食者攝取蛋白質的主要來源之一。

Stir-Fried Garbanzo with Taro

咖哩蔬菜
Curried Vegetables

做法

1. 將馬鈴薯、胡蘿蔔去皮洗淨切薄片，白花菜洗淨切成小朵，毛豆煮軟，備用。
2. 炒鍋內加水約1杯，待水滾後，依序加入馬鈴薯、白花菜、胡蘿蔔及調味料，至食材煮軟入味後，再放入毛豆拌勻盛盤即可。

材料

白花菜½棵、馬鈴薯1個、胡蘿蔔（中）½根、毛豆1/4杯

調味料

鹽½茶匙、鬱金香粉1大匙、香菇調味料¼茶匙

營養分析

供應份數：約4人份

營養成分	熱量277大卡	熱量比例
醣類（克）	48.9	71%
蛋白質（克）	15.4	22%
脂肪（克）	2.2	7%
鈉（毫克）	1329.0	
鈣（毫克）	126.0	
膳食纖維（克）	12.7	

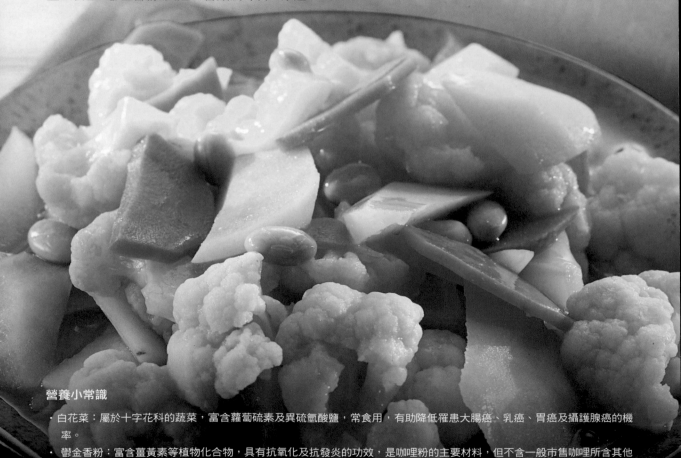

營養小常識

· 白花菜：屬於十字花科的蔬菜，富含蘿蔔硫素及異硫氫酸鹽，常食用，有助降低罹患大腸癌、乳癌、胃癌及攝護腺癌的機率。

· 鬱金香粉：富含薑黃素等植物化合物，具有抗氧化及抗發炎的功效，是咖哩粉的主要材料，但不含一般市售咖哩所含其他辛香刺激的成分。

什錦茭白筍
Stir-Fried Water Bamboo Shoot

做法

1. 茭白筍洗淨切成粗長條，美芹洗淨切段，紅、黃甜椒及新鮮香菇洗淨，切成細絲，備用。
2. 炒鍋加水約½杯，待滾後，先放入茭白筍、香菇絲及少許醬油，入味後，再放入美芹、紅、黃甜椒及其他調味料拌炒即可起鍋。

材料

茭白筍5根、美芹1根、紅甜椒¼個、黃甜椒¼個、鮮香菇1朵

調味料

天然無發酵醬油1茶匙、鹽½茶匙
香菇調味料⅛茶匙

營養分析

供應份數：約4人份

營養成分	熱量108大卡	熱量比例
醣類（克）	18.6	69%
蛋白質（克）	6.6	24%
脂肪（克）	0.8	7%
鈉（毫克）	1377.0	
鈣（毫克）	41.7	
膳食纖維（克）	8.4	

營養小常識

茭白筍：又稱茭瓜，富含維生素A、C等營養素，可促進新陳代謝、預防高血壓、減輕便祕的功效。

魚香茄子

TIPS

挑選茄子，以外觀完整、觸感飽滿，且具深紫紅色光澤者較佳，切開後，泡在鹽水中，可防止氧化，抑制色澤改變。

做法

1. 茄子去蒂洗淨切段約5公分長、表面稍微用刀劃幾下，放入滾水中燙軟撈起，排列在盤中，備用。
2. 金針、木耳泡軟洗淨切碎。
3. 炒鍋內放水約⅓杯，待滾後，放入蒜末炒香，依序放入金針、木耳略炒，加入調味料拌勻，淋在茄子上面，撒些蔥末即可。

材料

Ⓐ 金針（乾）60克、茄子3條、黑木耳3朵、青蔥（末）2大匙、蒜（末）2大匙

調味料

Ⓑ 新鮮檸檬汁1大匙、蜂蜜1茶匙、天然無發酵醬油1大匙 鹽¼茶匙

營養分析

供應份數：約4人份

營養成分	熱量215大卡	熱量比例
醣類（克）	41.7	78%
蛋白質（克）	7.3	13%
脂肪（克）	2.1	9%
鈉（毫克）	1329.0	
鈣（毫克）	124.0	
膳食纖維（克）	15.6	

營養小常識

- 茄子：含有多種維生素及礦物質，可消腫、散瘀，且有助預防高血壓及動脈硬化。但體質虛冷、腸胃功能不佳者，不宜多吃。
- 黑木耳：含醣類、蛋白質、脂肪、纖維質、胡蘿蔔素、鈣、鐵等多種營養素。常食用，有活血、補血的功效，可防止血栓、降低心血管疾病的發生。此外，黑木耳含有一種多醣體，有助防癌。

Spicy Eggplant

TIPS

此道食譜做法較為複雜，但很適合作為節慶或宴客菜餚。

金錢袋

做法

1. 香菇泡軟去蒂切碎，胡蘿蔔、荸薺去皮洗淨切碎，豆干洗淨切碎，備用。
2. 高麗菜切去梗，將葉子一片片剝下洗淨，汆燙後取出，韭菜洗淨，汆燙後，撕成細絲，莧菜洗淨切碎，備用。
3. 炒鍋內加水約2大匙，先放入材料 Ⓐ 中的香菇炒香，然後依序加入胡蘿蔔、荸薺、豆干及調味料 Ⓐ 中的：醬油1大匙、鹽¼茶匙炒過，再加入太白粉水，炒略稠狀，作成餡料，備用。
4. 高麗菜剪成直徑約10公分大小，包入餡，用韭菜絲綁成金錢袋狀，放入蒸籠，中火蒸約8分鐘後取出，排入盤中。
5. 炒鍋內放水約½杯，煮滾後，加入莧菜末、少許鹽，芶薄芡，淋在金錢袋上即可。

材料

Ⓐ 香菇（乾）3朵、胡蘿蔔（中）⅓根、荸薺6粒
有機豆干200克

Ⓑ 高麗菜250克、莧菜、100克、韭菜數根

調味料

Ⓐ 鹽¼茶匙、天然無發酵醬油1大匙、太白粉2茶匙、水1大匙

營養分析

供應份數：約12個

營養成分	熱量823大卡	熱量比例
醣類（克）	99.4	48%
蛋白質（克）	55.0	27%
脂肪（克）	22.8	25%
鈉（毫克）	1581.0	
鈣（毫克）	1158.0	
膳食纖維（克）	20.7	

營養小常識

高麗菜：又稱卷心菜，含有豐富的維生素A、B_1、C及鈣、鉀、硫等多種營養素，有助清血、減輕便祕等功效。

Cabbage Stuffed with Vegetables

TIPS

- 此道食譜使用的傳統豆腐，在料理前先汆燙過，可去除黃豆味，且可使質地密實，口感較好。
- 一般豆腐未添加防腐劑，極易腐敗，因此，選購後應儘快放入盛有水的容器內，並放入冰箱保存，可延長保存的時間。
- 餡料中的荸薺亦可用涼薯替代，增加脆感。

香菇鑲豆腐

做法

1. 先將材料 Ⓐ 中胡蘿蔔、荸薺去皮洗淨切碎，芹菜洗淨切碎，備用。
2. 豆腐放入滾水中汆燙一下，撈出，瀝乾水份，壓成泥狀，加入胡蘿蔔、芹菜、荸薺及調味料 Ⓐ 拌勻作成餡料，備用。
3. 將材料 Ⓑ 中的新鮮香菇洗淨去蒂，甜紅椒洗淨切小丁，香菜洗淨切碎，豆苗洗淨放入沸水中汆燙，撈出瀝去水份，墊盤底，備用。
4. 將調味料 Ⓑ 拌勻煮沸，作成醬汁，備用。
5. 將每個香菇內面抹一層太白粉，填入餡料後，排列在盤內，蒸約8～10分鐘，取出，排列在豆苗上，上面放甜紅椒、香菜裝飾，淋上醬汁即可。

材料

Ⓐ 老豆腐300克、胡蘿蔔（中）⅓根、芹菜（末）⅓杯、荸薺3粒
Ⓑ 新豆苗300克、鮮香菇12朵、甜紅椒½個、香菜少許

調味料

Ⓐ 天然無發酵醬油1大匙、蜂蜜½茶匙、太白粉1大匙
Ⓑ 水4大匙、天然無發酵醬油1大匙、蜂蜜½茶匙、香菇調味料¼茶匙、番茄醬1茶匙、鹽¼茶匙

營養分析

供應份數：約12個

營養成分	熱量601大卡	熱量比例
醣類（克）	81.2	54%
蛋白質（克）	42.8	28%
脂肪（克）	11.7	18%
鈉（毫克）	1916.0	
鈣（毫克）	470.0	
膳食纖維（克）	15.5	

營養小常識

- 香菇：含有香菇多醣體、維生素、脂肪、蛋白質等成分。研究證實，香菇中的多醣體，可抑制腫瘤生長，亦可有效抑制血清和肝臟中膽固醇的上升，對於預防心血管疾病及降低血壓有積極的作用。
- 荸薺：口感爽脆，富含黏液質，有生津潤肺化痰的作用，荸薺中的粗蛋白、澱粉能促進大腸蠕動，粗脂肪有滑腸通便作用，可改善便祕。
- 菇類食物，含「普林」（Purine）較高，尿酸偏高的患者，宜限量使用。

Black Mushroom Stuffed with Tofu

玉米蔬菜濃湯
Corn Chowder

做法

1. 先將 Ⓐ 組中的腰果與水，用果汁機打勻成腰果奶，備用。
2. 馬鈴薯、胡蘿蔔、洋蔥去皮洗淨切小丁，美芹洗淨切小丁，洋香菜洗淨切碎，備用。
3. 湯鍋內加水約5杯，煮滾後，加入 Ⓑ 組所有材料，用小火煮至馬鈴薯變軟。
4. 將 Ⓒ 組中的玉米粒放入果汁機中，加水1杯稍打一下，倒入 ❸ 項馬鈴薯混合物中，繼續煮約10分鐘，需不停攪拌，然後加入 ❶ 項的腰果奶，略煮一下即可（如要湯濃稠，可減少水的分量）。

材料

Ⓐ 生腰果¼杯、水2杯
Ⓑ 馬鈴薯（中）2個、美芹1根、洋蔥½個
　 胡蘿蔔（中）½根、洋香菜2大匙
　 鹽1茶匙 、月桂葉（隨意）1片
Ⓒ 玉米粒2杯、水1杯

TIPS

使用新鮮玉米粒，用果汁機打成的玉米醬，可減少「罐頭玉米醬」額外添加的鹽及糖分。

營養分析

供應份數：約8人份

營養成分	熱量840大卡	熱量比例
醣類（克）	151	72%
蛋白質（克）	23	11%
脂肪（克）	26	17%
鈉（毫克）	2584	
鈣（毫克）	165	
膳食纖維（克）	19	

營養小常識

此湯所含的油脂及熱量較一般西餐供應的濃湯低，減重者可酌量減少腰果及玉米粒的分量，亦可享受健康又美味的濃湯。

青豆洋菇濃湯
Creamy Green Pea Soup

做法

1. 將 Ⓐ 組中的腰果、青豆仁、水2杯，用果汁機打成泥狀、備用。

2. 馬鈴薯去皮洗淨切成塊狀，胡蘿蔔、洋菇洗淨切小丁，備用。

3. 將馬鈴薯放入鍋內，加水約2杯，用小火煮軟，稍涼後，放入果汁機打成泥狀，然後倒回鍋內，加水約4杯，煮滾後，依序加入胡蘿蔔丁、洋菇丁，煮軟後，加入 ❶ 項腰果青豆泥，及 Ⓒ 組的鹽、洋蔥粉拌勻一下，即成一道好吃的濃湯。

材料

Ⓐ 青豆仁300克、腰果 ¼杯、水2杯
Ⓑ 新鮮洋菇100克、馬鈴薯（中）2個、胡蘿蔔（中）½根
Ⓒ 鹽¾茶匙、洋蔥粉2茶匙

營養分析

供應份數：約8人份

營養成分	熱量812大卡	熱量比例
醣類（克）	99.9	49%
蛋白質（克）	46.9	23%
脂肪（克）	25.0	28%
鈉（毫克）	2685.0	
鈣（毫克）	248.0	
膳食纖維（克）	35.5	

營養小常識

· 青豆仁，又名豌豆仁，含有蛋白質、菸鹼酸、維生素C、及纖維質，而顏色愈綠，其所含的抗癌化合物──葉綠酸也較多，可減低癌症的罹患。一些研究也認為，常食用青豆仁，有助降低血脂肪，預防心臟病的發生。

· 新鮮洋菇，富含必需氣基酸、維生素B、鉀、鉦等營養素，不易保存、易褪變，但不會影響其營養價值。

南瓜濃湯
Creamy Pumpkin Soup

做法

1. 南瓜的皮洗淨切半去籽，切成小塊，洋香菜洗淨切碎，備用。

2. 將 **B** 組中的腰果倒入果汁機中，加水約1杯，打至質地勻細的腰果奶，備用。

3. 切好的南瓜放入大鍋中，加水約4～5杯，煮沸後，改為小火煮至南瓜成泥狀，然後加入腰果奶、鹽拌勻，稍煮一下，即可起鍋（食用前可灑些洋香菜）。

材料

A 南瓜（中）1個、洋香菜（切碎）2大匙
B 新鮮腰果¼杯、水1杯
C 鹽¾茶匙

營養分析

供應份數：約8人份

營養成分	熱量1069大卡	熱量比例
醣類（克）	198.0	74%
蛋白質（克）	41.0	15%
脂肪（克）	13.0	11%
鈉（毫克）	2247.0	
鈣（毫克）	176.0	
膳食纖維（克）	29.0	

營養小常識

· 南瓜，俗稱「金瓜」，富含澱粉，β-胡蘿蔔素，及微量元素的鋅、鎂、及纖維質，有強化免疫系統，預防呼吸性疾病及過敏的功效。

· 南瓜洗乾淨，連皮一起吃，可增加纖維質及其它營養素的攝取。

· 南瓜濃湯，1杯約含134大卡熱量，針對糖尿病或減重者，在其飲食計劃中，可替換約2份主食。

豆腐海帶芽濃湯
Tofu Seaweed Soup

做法

1. 先將 Ⓐ 組中的馬鈴薯去皮切塊，與腰果、水2杯，放入果汁機中打成泥狀，備用。
2. 將 Ⓑ 組的黃豆芽洗淨切段、豆腐切丁與 ❶ 項的馬鈴薯泥放入鍋中，加水約5杯，煮滾後，加鹽、天然無發酵醬油調味，上桌前灑上海苔片、蔥花，趁熱食用。

材料

Ⓐ 馬鈴薯（中）2個、生腰果¼杯、水2杯
Ⓑ 嫩豆腐300克、黃豆芽300克、鹽1茶匙
　 天然無發酵醬油1大匙
Ⓒ 海苔（切小片）2張、蔥花1/4杯

營養分析

供應份數：約6人份

營養成分	熱量747大卡	熱量比例
醣類（克）	83.5	45%
蛋白質（克）	52.2	28%
脂肪（克）	22.7	27%
鈉（毫克）	2661.0	
鈣（毫克）	163.0	
膳食纖維（克）	17.7	

營養小常識

· 黃豆芽，在發芽過程中，其所含的多醣類消失，可避免吃黃豆可能引起的脹氣現象。常食用，亦能攝取維生素B₁、B₂、維生素C、鐵、磷、鈣等營養素。

· 豆腐海帶芽濃湯，除含豆腐外，其他主要食材為馬鈴薯、黃豆芽等，富含鉀質及「普林」（purine)，對尿酸偏高或限鉀飲食者，宜限量食用。

芋頭濃湯
Taro Mushroom Soup

做法

1. 芋頭、胡蘿蔔去皮洗淨切丁，洋菇洗淨切丁，香菇泡軟去蒂切丁，金針花洗淨切段，蓮子洗淨，備用。

2. 將 ⓑ 組中的腰果與水，用果汁機打成質地勻細的腰果奶，備用。

3. 將蓮子、胡蘿蔔、香菇放入鍋內，加水約6杯，煮滾後，加入芋頭，待蓮子、芋頭煮軟後，再加入新鮮洋菇及 ❷ 項的腰果奶，需不停的攪拌，避免燒焦，最後加入金針花、鹽即可。

材料

ⓐ 新鮮洋菇100克、蓮子100克、芋頭（中）1個、胡蘿蔔（小）1根、香菇5朵、金針花¾杯

ⓑ 腰果¼杯、水1杯

ⓒ 鹽1茶匙

TIPS

最好等芋頭煮軟後，再加入鹽。若太早加入，會造成芋頭不易煮爛，影響口感。

營養分析

供應份數：約10人份

營養成分	熱量1333大卡	熱量比例
醣類（克）	243.0	73%
蛋白質（克）	43.0	13%
脂肪（克）	21.2	14%
鈉（毫克）	2665.0	
鈣（毫克）	387.0	
膳食纖維（克）	31.0	

營養小常識

芋頭，富含澱粉、維生素B_1、B_2。此外，其含氟量亦高，常食用，可彌補氟的不足，對預防齲齒有益。

薏仁蔬菜濃湯
Assorted Vegetable Soup

做法

1. 洋蔥、胡蘿蔔、馬鈴薯去皮，洗淨切丁，番茄、美芹洗淨切丁，小薏仁、月桂葉洗淨，備用。
2. 先將洋蔥、胡蘿蔔、小薏仁、月桂葉一起放入鍋內，加水約6杯，用小火慢煮，待小薏仁煮軟後，加入番茄、美芹，煮滾後，再加入鹽即可。

材料

Ⓐ 洋蔥1個、胡蘿蔔1根、番茄2個、美芹1根、馬鈴薯2個 小薏仁¾杯、月桂葉2片
Ⓑ 鹽1茶匙

TIPS

小薏仁不易煮爛，將其浸泡水中約1個小時後，更換新水再煮，可縮短烹煮的時間，使其柔軟可口。

營養分析

供應份數：約8人份

營養成分	熱量939大卡	熱量比例
醣類（克）	199.0	85%
蛋白質（克）	24.7	10%
脂肪（克）	5.0	5%
鈉（毫克）	2301.0	
鈣（毫克）	233.0	
膳食纖維（克）	25.7	

營養小常識

此道濃湯，油脂及熱量均較一般濃湯低，可替代五穀根莖類，作為主食的一部分，不僅可獲得澱粉，又可從蔬菜中攝取多種維生素及礦物質，是一道健康又美味的濃湯。

番茄濃湯
Creamy Tomato Soup

做法

1. 番茄洗淨切塊，洋蔥去皮洗淨切成小丁，備用。
2. 將腰果及水1杯放入果汁機打勻，再加入番茄、糙米飯及水4杯繼續打成質地勻細狀，倒入鍋內，備用。
3. 洋蔥放入炒鍋中，用小火乾炒至香軟後，加入 ❷ 項的番茄混合物及調味料拌勻煮滾即可。

材料

生腰果¼杯、水1杯、紅番茄5杯、洋蔥½個
糙米飯½碗、水約4杯

調味料

鹽½茶匙、義大利調味料1茶匙

營養分析

供應份數：約6人份

營養成分	熱量530大卡	熱量比例
醣類（克）	84.9	64%
蛋白質（克）	16.8	13%
脂肪（克）	13.7	23%
鈉（毫克）	1275.0	
鈣（毫克）	99.9	
膳食纖維（克）	11.0	

營養小常識

番茄：富含維生素C、類胡蘿蔔素、茄紅素等多種營養素，可以阻止膽固醇的合成及壞的膽固醇氧化後黏在血管壁上，有降低血管粥狀硬化的好處。番茄生吃無法獲得最多的茄紅素，最好的方式是將番茄煮熟並加入一些堅果及種子等天然油脂，幫助茄紅素從植物細胞壁釋放，加速在人體內的吸收。

補氣養生湯
Purple Yam in Chinese Herb Soup

做法

1. 乾香菇洗淨泡軟，去蒂，山藥去皮洗淨切小段，紅棗、枸杞洗淨，備用。
2. 豆包洗淨瀝乾水分，放入烤箱，烤成金黃色，每片切成6小片，備用。
3. 將蔘鬚、當歸、紅棗、枸杞放入電鍋內鍋，加入香菇、山藥、豆包及水6碗，外鍋加水2杯，煮至按鈕跳起，加少許鹽調味即可。

材料

Ⓐ 紫山藥120克、乾香菇5朵、有機豆包2片、蔘鬚2根
　　當歸3片、黃耆5片、紅棗10粒、枸杞2大匙

營養分析

供應份數：約6人份

營養成分	熱量486大卡	熱量比例
醣類（克）	63.8	53%
蛋白質（克）	32.1	26%
脂肪（克）	11.4	21%
鈉（毫克）	1337.0	
鈣（毫克）	96.0	
膳食纖維（克）	11.7	

營養小常識

· 山藥：又稱為淮山，主要成分有醣類、維生素B群、C、K及礦物質鉀等，亦富含膳食纖維。本草綱目記載：常食用，有助健脾胃、補虛益氣等功效。
· 山藥屬於五穀根莖類，需控制飲食份量，如：糖尿病患或減重者，可替代部分主食。
· 易脹氣者不宜多吃。

TIPS

- 芋頭切塊後，可先烤至半熟，然後再放入鍋中煮，較不易煮成糊狀。
- 將多種食材與藥材搭配一起烹煮，是一道溫和的藥膳燉品。

錦繡素齋

做法

1. 將 **A** 組中所有材料洗淨，香菇泡軟，大白菜切成大片，白蘿蔔、紅蘿蔔去皮切成滾刀塊，放入鍋內，加入適量的素高湯、鹽，用小火燉約半小時後，倒入燉盅內，備用。
2. 將 **C** 組中的芋頭去皮切塊，凍豆腐切塊，粉絲泡軟切段，加入燉盅內，一起蒸約20分鐘即可。

材料

A 素高湯10杯（做法請參看本食譜第156頁）
蓮子20顆、小朵香菇6朵、大白菜½棵、白蘿蔔½個
紅蘿蔔1根、當歸3片、參鬚3支、枸杞100克、金針菇150克
栗子10顆

B 鹽1 ½茶匙

C 芋頭（中）2個、凍豆腐2杯、粉絲1把

營養分析

供應份數：約12人份

營養成分	熱量2073大卡	熱量比例
醣類（克）	358.0	69%
蛋白質（克）	85.3	15%
脂肪（克）	26.4	16%
鈉（毫克）	3534.0	
鈣（毫克）	1113.0	
膳食纖維（克）	52.8	

營養小常識

- 當歸：可活血、調經。
- 蓮子：可鬆弛平滑肌，有助減輕失眠、解除心悸、滋養身體的功效。
- 蔘鬚：可強心補氣、補身。
- 紅棗：有助降血壓、強化免疫力、通血脈的作用。
- 枸杞子：能保護肝臟、明目、活化免疫細胞。
- 食材中的蓮子、芋頭、栗子、冬粉屬於澱粉類，糖尿病患者可將其列入飲食計畫，替換部分的主食。
- 此道素齋，含鉀量高，對於腎臟病或限鉀飲食患者，宜限量食用。

Chinese Herb Soup

Fitness Cooking: Light Meal, Salad, S

PART②
愛窈窕の料理：輕食、沙拉、點心、飲品

輕食份量少，但是營養可不少，每道均可當做一份正餐食用，並均衡具備必要的營養喔！
愛窈窕料理，輕鬆無負擔的31道輕食、沙拉、點心、飲品，助你維持漂亮曲線，常保青春體態。

營養師教室

一般市售的飲品多含砂糖，砂糖是由甘蔗精製而成，是「空熱量」的食物，只產生熱量，但缺少維生素、礦物質及纖維質。本食譜中的飲品及點心，使用少許的蜂蜜、黑糖、水果或果乾來作甜味劑，除含糖分外，還富含鐵、鉀等礦物質及纖維質，營養價值較精製糖高。

TIPS

全麥蔥餅的青蔥可換成构杞，加些蜂蜜，鹽減量，其餘材料相同，做法一樣，即成甜味煎餅。

全麥蔥餅

做法

1. 先將 Ⓐ 中的腰果加水用果汁機打成腰果奶，備用。
2. 將 Ⓑ 中的材料混合後，加入腰果奶及 Ⓒ 中的材料拌勻成麵糊狀。
3. 用湯匙盛麵糊1大匙，放入不沾平底鍋，攤開麵糊成薄餅，用小火煎至兩面呈金黃色即可。

材料

Ⓐ 生腰果½杯、水⅔杯
Ⓑ 全麥麵粉1杯、中筋麵粉1杯、白芝麻（已炒過）4大匙
Ⓒ 冷開水2½杯、鹽½茶匙、青蔥（末）1杯

營養分析

供應份數：約30人份

營養成分/份	熱量57大卡	熱量比例
醣類（克）	8.1	57%
蛋白質（克）	1.9	13%
脂肪（克）	1.9	30%
鈉（毫克）	28.0	
鈣（毫克）	5.0	
膳食纖維（克）	0.6	

營養小常識

青蔥含有相當量的維生素C、A、B群、礦物質的鈣、鐵、及蒜素硫化物等營養素，可促進胃液的分泌，助消化及提昇免疫力。此外，蔥綠內側的黏液含多醣體及纖維質。多醣體會與體內不正常細胞凝集，有助抑制癌細胞的生長。

Pancake with Scallion

潤餅

做法

1. 豆干、高麗菜洗淨切細絲；胡蘿蔔去皮洗淨切細絲；韭黃洗淨切段；香菇泡軟切細絲，備用。

2. 炒鍋內放入水約1杯，加入香菇炒香、豆干絲及天然醬油煮至入味，然後加入胡蘿蔔、高麗菜及韭黃、鹽及香菇調味料，煮軟後，淋上太白粉水芶薄芡，作為潤餅餡料。

3. 春捲皮1張鋪平，放入上述材料，再灑些碎杏仁豆、葡萄乾及香菜末，包成春捲狀。

材料

Ⓐ 全麥春捲皮10張
Ⓑ 豆干10塊、高麗菜⅓棵、胡蘿蔔1根、韭黃1把、香菇6朵
Ⓒ 葡萄乾4大匙、杏仁豆（烤過、壓碎）¼杯
　香菜（末）¼杯

調味料

天然無發酵醬油2大匙、鹽1茶匙、香菇調味料½茶匙
太白粉2大匙、水3大匙

營養分析

供應份數：約10人份

營養成分/份	熱量162大卡	熱量比例
醣類（克）	22.2	55%
蛋白質（克）	8.9	22%
脂肪（克）	4.2	23%
鈉（毫克）	168.0	
鈣（毫克）	226.0	
膳食纖維（克）	3.2	

營養小常識

· 豆干富含蛋白質，熱量較低，不含膽固醇，且和其它黃豆製品一樣含有豐富的植物性雌性激素——異黃酮素，有助減輕婦女更年期的一些症狀，及降低乳癌的罹患。

· 1份潤餅約含121大卡熱量，糖尿病患或減重者在其飲食計畫中，可替換約1份主食及½份蛋白質。

Spring Rolls

TIPS

· 建議全麥捲要現做現吃，否則生菜易出水，影響春捲皮的口感。

· 此食譜由本臺安醫院營養課部門舉辦廚藝進階班的學員李允文小姐設計，是一道很受歡迎的點心。

陽光全麥捲

做法

1. 蘋果洗淨切成條狀；番薯去皮洗淨蒸熟後，搗成泥狀；苜宿芽、豌豆嬰洗淨，備用。
2. 杏仁醬加冷開水調勻作成杏仁醬汁，備用。
3. 取全麥春捲皮1張分成2等分，先將杏仁醬汁塗抹在每份春捲皮上，再抹上一層番薯泥，然後放入苜蓿芽、豌豆嬰、蘋果條及撒些葡萄乾，包成圓錐狀即可。

材料

Ⓐ 全麥春捲皮5張
Ⓑ 番薯（中）2個、蘋果3個、苜蓿芽2杯
Ⓒ 杏仁醬⅓杯、冷開水⅓杯

營養分析

供應份數：約10人份

營養成分/份	熱量219大卡	熱量比例
醣類（克）	35.1	64%
蛋白質（克）	4.7	9%
脂肪（克）	6.2	27%
鈉（毫克）	19.0	
鈣（毫克）	47.0	
膳食纖維（克）	2.2	

營養小常識

食材中的苜宿芽是屬豆科植物，富含蛋白質、鈣、鐵、鉀等礦物質及維生素A、B群、C、E和多種氨基酸及酵素，以生食為佳，能調節血液呈正常的微鹼性，且具有防止老化、強化血管的功效。

Sunny Whole Wheat Rolls

墨西哥玉米餅

做法

1. 先將 Ⓐ 中煮熟的玉米粒加水1½杯，用果汁機打勻，備用。
2. 將 Ⓑ 中酵母粉溶在溫水½杯後，與 Ⓒ 中食材及打碎的玉米粒拌勻，揉成麵糰。
3. 將麵糰分成數等分小麵糰，捍成薄餅，醒約10分鐘後，放入不沾平底鍋，煎至兩面呈金黃色，作成玉米餅，備用。
4. 炒鍋內加水約2大匙，加入 Ⓓ 中的洋蔥炒香後，依序加入煮熟的花豆、番茄及調味料 Ⓔ，煮至入味後，再加入青椒、甜紅椒略炒一下，作成花豆餡料。
5. 取玉米餅一片，包入花豆餡料一起食用，美味可口。

材料

Ⓐ 玉米粒（煮熟）1杯、水1½杯
Ⓑ 酵母粉1½大匙、溫水½杯
Ⓒ 黃色玉米粉4杯、全麥麵粉2杯、鹽½茶匙
Ⓓ 花豆（煮熟）2杯、番茄（丁）1杯、洋蔥（丁）½杯
　 青椒（丁）½杯、甜紅椒（丁）½杯

調味料

Ⓔ 鹽½茶匙、番茄糊3大匙、新鮮檸檬汁1大匙、蜂蜜1茶匙
　 香菇調味料¼茶匙

營養分析

供應份數：約24人份

營養成分/份	熱量129大卡	熱量比例
醣類（克）	28.5	90%
蛋白質（克）	2.2	7%
脂肪（克）	0.4	3%
鈉（毫克）	57.0	
鈣（毫克）	3.0	
膳食纖維（克）	1.0	

營養小常識

· 花豆富含醣類、蛋白質、多種維生素及礦物質、水溶性纖維質，有助降低血膽固醇，預防心血管疾病的發生。
· 針對糖尿病患者或減重者，1/4碗煮熟的花豆相當1份主食。

Corn Tortilla

核桃漢堡餅
Walnut Burger Patties

做法

1. 將 Ⓐ 組中的腰果與水，用果汁機打勻，備用。
2. 將 Ⓑ 組中的全麥土司用果汁機或食物調理機打碎，備用。
3. 將 ❶、❷ 項及 Ⓒ 組中的所有材料混合拌勻，每次取約4平大匙的量作成漢堡餅形狀，可用平底不沾鍋煎或放入烤箱（預熱175℃），兩面呈金黃色即可。

材料

Ⓐ 生腰果¼杯、水¾杯
Ⓑ 全麥土司2片
Ⓒ 糙米飯（煮熟）1杯、核桃（切碎）¼杯、鹽½茶匙、醬油1 ½大匙、洋蔥（切碎）½個、美芹（切碎）1根、洋香菜（切碎）1大匙、全麥麵粉 2大匙

營養分析

供應份數：約8片

營養成分	熱量932大卡	熱量比例
醣類（克）	120.0	52%
蛋白質（克）	26.8	11%
脂肪（克）	38.4	37%
鈉（毫克）	2521.0	
鈣（毫克）	29.4	
膳食纖維（克）	9.6	

營養小常識

1片核桃漢堡餅約含116大卡熱量，相當1份主食和1份油脂，糖尿病患或體重控制者，可依其飲食計畫，自行替換食用。

豆腐燕麥漢堡餅
Tofu Oat Burger Patties

做法

1. 先將 **Ⓐ** 組中的豆腐包入乾淨紗布內，擠去水分，放入容器內，然後加入其它所有的材料及 **Ⓑ** 組的調味料一起拌勻，每次取約4平大匙的量，作成一個個漢堡餅，放入盤內，備用。
2. 將漢堡餅放入不沾平底鍋，用小火煎至兩面呈金黃色即可。

材料

Ⓐ 老豆腐2杯、燕麥片2杯、洋蔥（切碎）½杯
   杏仁豆（切碎）¼杯

Ⓑ 天然無發酵醬油1大匙、義大利調味料1茶匙
   匈牙利紅椒粉1茶匙、鹽¾茶匙

營養分析

供應份數：約16片

營養成分	熱量1240大卡	熱量比例
醣類（克）	147.0	47%
蛋白質（克）	64.5	21%
脂肪（克）	43.8	32%
鈉（毫克）	3576.0	
鈣（毫克）	785.0	
膳食纖維（克）	14.4	

TIPS

豆腐燕麥漢堡餅，一次可多量製備，煎至微黃成型，待涼後，用保鮮袋分裝，放入冷凍庫，可存放約2個星期。食用前，取出解凍，放入烤箱或用平底鍋煎熟即可。

營養小常識

1片豆腐燕麥餅約含78大卡的熱量，針對糖尿病或減重者，在其飲食計畫中，相當½份主食和½份蛋白質。

芋頭包

TIPS

- 此道食譜美味可口，可用作請客或郊遊帶便當用。
- 餡料使用的食材，可多作變化，如：韭菜、豆包、大白菜等都是不錯的搭配。

做法

1. 芋頭去皮切小塊放入電鍋蒸熟，趁熱加鹽½茶匙，用叉子壓碎成泥（如太乾可加少許熱開水），分成數等分，作外皮用。
2. 炒鍋加水約2大匙，加入香菇炒香後，依序加入胡蘿蔔、高麗菜及調味料炒勻，待涼後，作內餡用。
3. 全麥吐司用果汁機打碎成麵包屑，備用。
4. 將 ❷ 項的內餡包入芋頭外皮內，做成月餅狀，然後沾麵包屑，放入烤箱（預熱溫度150℃），烤約15分鐘或麵包屑烤至金黃色即可。

材料

Ⓐ 芋頭（去皮）約1200克、鹽½茶匙
Ⓑ 高麗菜（切碎）2杯、紅蘿蔔（切碎）1杯　乾香菇（泡軟切碎）½杯
Ⓒ 全麥土司（麵包屑）3片

調味料

香菇調味料½茶匙、天然無發酵醬油2大匙

營養分析

供應份數：約10個

營養成分/個	熱量198大卡	熱量比例
醣類（克）	40.9	83%
蛋白質（克）	5.1	10%
脂肪（克）	1.6	7%
鈉（毫克）	221.0	
鈣（毫克）	49.0	
膳食纖維（克）	4.0	

營養小常識

植物性來源的食物，可提供各種豐富的植物性化合物，這些物質具有很強的抗氧化作用，有助防癌的效果。在人體不同的器官，不同的蔬果具有不同的防癌功效，如：高麗菜屬於十字花科蔬菜，可有效預防結腸癌；胡蘿蔔含豐富 β-胡蘿蔔素，可降低肺、胃、膀胱、乳癌的發生率。

Stuffed Taro Buns

素起士
Vege-cheese

做法

1. 先將 **A** 中的腰果加水½杯，用果汁機打勻，然後加入剩餘水1杯及其他材料，繼續打至質地勻細狀。
2. 將 **1** 項混合物倒入鍋中，用小火慢煮，需常常攪拌約5～6分鐘，直到變稠成濃汁，冷凍後凝結成塊，可切成片替代一般起士片使用。

材料

A 水1½杯、生腰果½杯
B 新鮮檸檬汁4大匙、紅甜椒2個、洋蔥½個
啤酒酵母片3大匙、蒜頭6瓣、鹽½茶匙、香菇調味料½茶匙、玉米粉2大匙

TIPS

素起士濃汁除可用在披薩餅外，亦可與蔬菜、馬鈴薯、麵條或墨西哥餅搭配一起食用。

營養分析

供應份數：約32大匙

營養成分/匙	熱量17大卡	熱量比例
醣類（克）	1.8	42%
蛋白質（克）	0.4	10%
脂肪（克）	0.9	48%
鈉（毫克）	35.0	
鈣（毫克）	3.8	
膳食纖維（克）	0.5	

營養小常識

啤酒酵母片富含蛋白質、礦物質、及維生素B群，尤其可提供全素者維生素B_{12}，可維護皮膚、神經系統的健康，及預防消化不良、口腔炎等症狀。

麵包比薩
Bread Pizza

做法

1. 將 Ⓐ 中所有材料混合，塗在半圓麵包或土司麵包上。
2. 麵包放入烤箱（預熱溫度160℃）烤約25分鐘，或烤至素起士融化即可，需趁熱食用。

材料

Ⓐ 素起士¾杯
　 黑橄欖（切碎）2大匙
　 青蔥（切碎）½杯
　 新鮮大番茄（切丁）½杯
　 新鮮洋菇（切碎）½杯
Ⓑ 全麥土司或全麥半圓麵包6片

營養分析

供應份數：約6人份

營養成分/份	熱量169大卡	熱量比例
醣類（克）	29.1	69%
蛋白質（克）	5.6	13%
脂肪（克）	3.3	18%
鈉（毫克）	263.0	
鈣（毫克）	33.0	
膳食纖維（克）	3.4	

TIPS

· 可依個人喜好選用其它食材，如：甜椒、洋蔥、胡蘿蔔、玉米粒、鳳梨片等。
· 亦可在麵包底先抹一層自製番茄醬，然後鋪上食材及素起士片。

營養小常識

食材中的洋菇含有多種氨基酸、維生素B、維生素C，可加強肝、腎的功能活動，且具有抗菌的作用。

派皮
Pie Crust

做法

1. 先將 Ⓐ 中的生腰果與水用果汁機打成質地勻細狀，作成腰果奶，備用。
2. 全麥麵粉、鹽及二種材料混合，將腰果奶徐徐加入拌勻，揉成一個麵糰，放在兩張保鮮膜之間擀成派皮，鋪在9吋無油的派盤上。
3. 用叉子在派皮上扎些小孔，然後放入烤箱（預熱溫度170℃），烤至淺黃色。

材料

Ⓐ 生腰果½杯、水¼杯
Ⓑ 全麥麵粉1杯、鹽⅓茶匙

營養分析

供應份數：9吋派皮1個

營養成分/個	熱量1306大卡	熱量比例
醣類（克）	183.8	56%
蛋白質（克）	46.2	14%
脂肪（克）	42.9	30%
鈉（毫克）	534.0	
鈣（毫克）	50.0	
膳食纖維（克）	15.4	

TIPS

· 避免將腰果奶一次全部加入全麥麵粉內，邊揉邊視麵糰柔軟度，再斟酌添加。
· 如要降低油脂攝取，亦可用水替代腰果奶。

營養小常識

市售派皮大都使用豬油（富含飽和脂肪酸）或酥油、白油（含反式脂肪酸）與麵粉製作而成，油脂量約佔50%以上，而本食譜作成的派皮油脂含量僅佔30%，來自天然油脂，且可避免飽和脂肪酸及反式脂肪酸的攝取，是比較健康的烘焙食品。

豆腐起士派
Tofu Pie

做法

1. 將 Ⓐ 中的蘋果汁煮沸後熄火，稍涼後，加入白明膠粉，需不停攪拌至完全溶解，備用。
2. 除派皮外，將 Ⓑ 中所有材料放入果汁機中打勻，倒入容器內，再加入 ❶ 的蘋果膠拌勻，冷藏。
3. 當 ❷ 項混合物變硬後，再倒入果汁機打勻呈光滑狀，倒入派皮內，冷藏至質地變硬即可。

材料

Ⓐ 純蘋果汁4½杯、白明膠 9大匙
Ⓑ 盒裝嫩豆腐1½杯、檸檬皮（磨碎）3茶匙
橘子皮（磨碎）¾茶匙、鹽¼茶匙、檸檬汁2½大匙
Ⓒ 烤好的派皮1個

TIPS

食用前，可用新鮮水果，如：草莓、奇異果或櫻桃等排列在派上，作裝飾用。

營養分析

供應份數：約12人份

營養成分/份	熱量157大卡	熱量比例
醣類（克）	24.0	61%
蛋白質（克）	5.3	14%
脂肪（克）	4.4	25%
鈉（毫克）	97.0	
鈣（毫克）	18.0	
膳食纖維（克）	1.5	

營養小常識

此道食譜使用盒裝嫩豆腐作為食材，乃因其質地滑潤，口感好。但盒裝豆腐使用葡萄糖酸內脂（GDL）作凝固劑，與一般傳統豆腐使用石膏（硫酸鈣）不同，含鈣量較低，但其他營養成分差異不大。

水果派
Fruit Pie

做法

1. 將 Ⓐ 中的蘋果汁煮沸後，熄火，稍涼後，加入白明膠粉攪拌至溶解，再加入其他材料拌勻，放入冰箱備用。
2. 當 ❶ 項混合物變硬後，用果汁機打勻，倒入烤過的派皮內，冷藏至質地變硬。
3. 可在派的上面放薄荷葉及磨碎的檸檬皮作裝飾。

材料

Ⓐ 純蘋果汁3杯、橘子汁4大匙、豆奶1杯
　白明膠（植物性）10大匙、檸檬皮（磨碎）½茶匙
Ⓑ 烤好的派皮1個

TIPS

· 白明膠不可加入正在煮沸的蘋果汁中，會結成塊狀，不易攪拌均勻。
· 若派餡太軟，可酌量增加白明膠1～2大匙。

營養分析

供應份數：約12人份

營養成分/份	熱量148大卡	熱量比例
醣類（克）	22.8	62%
蛋白質（克）	4.3	11%
脂肪（克）	4.4	27%
鈉（毫克）	68.0	
鈣（毫克）	12.0	
膳食纖維（克）	1.3	

營養小常識

白明膠屬植物性果膠，從海藻提煉而成，而市售烘焙食品常用的吉利丁屬動物性膠，乃從動物的皮、筋或骨骼內的膠質提煉而成。

馬鈴薯煎餅
Oven Hash Browns

做法

1. 馬鈴薯不去皮，用絲瓜布刷洗乾淨，放入蒸籠內蒸至半熟，取出待涼，備用。
2. 將馬鈴薯刨成細絲，加入少許鹽拌勻，一次取約3大平匙的量作成薯餅狀，依序排在烤盤上，放入烤箱（預熱170℃）烤成金黃色即可。
3. 亦可用不沾平底鍋將兩面煎成金黃色，可沾自製番茄醬或單獨趁熱食用。

材料

馬鈴薯（中）4個、鹽、½茶匙、自製番茄醬¾杯

TIPS

馬鈴薯煎餅，一次可多量製備。兩面煎成微黃、待涼後，分裝放入冷凍庫儲存，食用時，再取出解凍，放入烤箱或用平底鍋煎熟即可。

營養分析

供應份數：約12塊

營養成分	熱量727大卡	熱量比例
醣類（克）	152.0	84%
蛋白質（克）	23.6	13%
脂肪（克）	2.8	3%
鈉（毫克）	3150.0	
鈣（毫克）	57.9	
膳食纖維（克）	13.5	

營養小常識

· 料理馬鈴薯時，最好將皮保留，連皮一起吃，可增加纖維質及其它營養素的攝取。
· 馬鈴薯煎餅屬澱粉類，1個煎餅約含60大卡熱量，糖尿病或減重者，在其飲食計畫中，可替換1份主食。

酪梨沙拉

TIPS

酪梨去皮後與蘋果類似，易生褐變，因此，在製作酪梨沙拉時，加入適量的檸檬汁，不僅可增添風味，還可穩定其鮮明的綠色。

做法

酪梨洗淨去皮切塊，洋蔥去皮洗淨切丁，番茄洗淨切丁，然後加入所有調味料拌勻即可。

材料

軟酪梨（中）1個、洋蔥½個、番茄2個

調味料

新鮮檸檬汁2大匙、蜂蜜1大匙、鹽½茶匙

營養分析

供應份數：約6人份

營養成分	熱量560大卡	熱量比例
醣類（克）	68.8	49%
蛋白質（克）	8.9	6%
脂肪（克）	27.7	45%
鈉（毫克）	1345.0	
鈣（毫克）	93.0	
膳食纖維（克）	12.0	

營養小常識

· 此沙拉中的酪梨，富含單元不飽和脂肪酸，是良好的天然油脂來源，同時亦含菸鹼酸，葉酸，及維生素A、C等營養素，與各種蔬菜搭配，是一道合乎健康的生菜沙拉。

· 酪梨是屬油脂類，1/8片酪梨相當1份油脂。因此，減重者，不妨在此道沙拉內多增加蔬菜，減少酪梨的分量。

Avocado Salad

豆子沙拉

TIPS

烹煮雪蓮子豆及紅腰子豆，所需的時間不同，建議分開煮，較易掌握豆子的熟軟度。

做法

1. 分別將 Ⓐ 組中的雪蓮子豆、紅腰子豆煮軟，備用。
2. 將 Ⓑ 組所有材料洗淨切丁，加入雪蓮子豆、紅腰子豆、及調味料拌勻即可。

材料

Ⓐ 雪蓮子豆1杯、紅腰子豆½杯
Ⓑ 青椒1個、紅甜椒½個、美芹1根、番茄1個、洋蔥½個

調味料

新鮮檸檬汁3大匙、蜂蜜1大匙、鹽¾茶匙

營養分析

供應份數：約6人份

營養成分	熱量546大卡	熱量比例
醣類（克）	98.9	72%
蛋白質（克）	25.8	19%
脂肪（克）	5.2	9%
鈉（毫克）	2149.0	
鈣（毫克）	313.0	
膳食纖維（克）	16.8	

營養小常識

· 紅腰子豆，是墨西哥菜餚中常用的食材，富含蛋白質、葉酸、鉀、鐵及纖維質等營養素，常選用可降低膽固醇，減少糖尿病、中風和心血管疾病的罹患。
· 食用豆類易脹氣者，可搭配米飯一起食用，不僅可降低脹氣現象，亦可提升蛋白質的利用率。

Bean Salad

綜合蔬菜沙拉

TIPS

每種蔬菜均含有其特殊的維生素、礦物質及植物性化合物（Phytochemicals），生菜沙拉的材料，可依個人喜好，自行搭配，除食譜中使用的食材外，其他如：美芹、洋蔥、番茄、小黃瓜、青豆仁、涼薯等亦都是不錯的選擇。

做法

1. 美生菜洗淨，用手撕成片狀，紅甜椒、紫高麗、胡蘿蔔洗淨切成細絲，苜蓿芽、豌豆嬰洗淨，備用。
2. 將 ❶ 項中各種生菜排在盤中，可搭配本書自製的各種沙拉醬一同食用。

材料

美生菜½棵、紅甜椒1個、苜蓿芽1杯
紫高麗⅙棵、胡蘿蔔½根、豌豆嬰½杯

營養分析

供應份數：約4人份

營養成分	熱量110大卡	熱量比例
醣類（克）	17.0	62%
蛋白質（克）	5.7	21%
脂肪（克）	2.1	17%
鈉（毫克）	77.0	
鈣（毫克）	125.0	
膳食纖維（克）	6.6	

Garden Salad

什錦沙拉

TIPS

使用美芹替代食譜中的小黃瓜，核桃替代松子，亦是不錯的選擇。

做法

1. 除松子、葡萄乾外，將馬鈴薯、胡蘿蔔去皮洗淨，切成丁煮軟。
2. 小黃瓜、甜紅椒洗淨切丁。
3. 玉米粒放入滾水中汆燙一下撈出，瀝去水份，備用。
4. 將以上所有材料與「新起點」腰果沙拉醬拌勻即可。

材料

Ⓐ 小黃瓜2根、胡蘿蔔（中）½根、紅甜椒½個、馬鈴薯1個
　玉米粒½杯、葡萄乾⅓杯、松子（烤過）⅓杯
Ⓑ 腰果沙拉醬⅓杯（做法請參閱本食譜第156頁）

營養分析

供應份數：約6人份

營養成分	熱量816大卡	熱量比例
醣類（克）	116.7	57%
蛋白質（克）	24.4	12%
脂肪（克）	28.0	31%
鈉（毫克）	1068.0	
鈣（毫克）	123.0	
膳食纖維（克）	14.0	

營養小常識

- 玉米：富含醣類、蛋白質、油脂等多種營養素，油脂的主要成分為亞麻仁油酸，有助預防心血管疾病。此外，黃玉米中葉黃素、玉米黃質、β-胡蘿蔔素含量豐富，具有增強視力、保護黏膜的作用。
- 此道沙拉的油脂來自腰果、松子，不含精製提煉油及反式脂肪酸，且油脂及熱量含量較低。

Vegetable Salad with Cashew Dressing

紫糯麻糬

TIPS

- 需多留意烤的時間，若烤得過久，質地會變乾硬，口感不佳。
- 可以購買來源可靠的黑芝麻粉，以替代現打的黑芝麻粉。

做法

1. 紫糯米洗淨，浸泡水約4小時，瀝乾，放入果汁機，加水約½杯打成質地勻細狀，備用。
2. 將黑芝麻用細的濾網沖水洗淨，瀝乾，放入炒鍋中，用小火邊炒邊翻，直到變乾燥及聞到香味即可熄火。
3. 將黑芝麻放入乾燥的果汁機內打成粉末，混合所有其它材料揉成糯米糰。
4. 糯米糰搓成長條，切成數等分，揉成圓形，排列在烤盤上，然後輕壓成扁狀，醒約20分鐘，放入烤箱（預熱溫度：上火190℃、下火160℃），烤約25分鐘即可。

材料

Ⓐ 紫糯米¾杯、水½杯
Ⓑ 糯米粉2杯、黑芝麻½杯、蜂蜜½杯、水1杯

營養分析

供應份數：30個

營養成分/個	熱量76大卡	熱量比例
醣類（克）	14.3	76%
蛋白質（克）	1.2	6%
脂肪（克）	1.5	18%
鈉（毫克）	12.0	
鈣（毫克）	32.0	
膳食纖維（克）	0.5	

營養小常識

紫米屬全穀類，富含澱粉、維生素B群、維生素E、鐵質、膳食纖維、及植物性化合物等，營養價值較精製白米高。

Purple Glutinous Mochi

小米布丁
Millet Pudding

做法

1. 將 Ⓐ 中的小米、水、鹽煮成小米粥，備用。
2. 將 Ⓑ 中的材料與小米粥一起放入果汁機中打至質地勻細
   狀後，倒入容器或布丁模型內，冷藏後食用。

材料

Ⓐ 小米1杯、水2½杯、鹽⅛茶匙
Ⓑ 鳳梨汁（或蘋果汁）2杯
　香草粉1茶匙、腰果2大匙、蜂蜜2大匙

TIPS

可在小米布丁上面放鳳梨、香蕉、水蜜
桃等水果一起食用。

營養分析

供應份數：約8人份

營養成分/杯	熱量155卡	熱量比例
醣類（克）	128.7	74%
蛋白質（克）	3.7	10%
脂肪（克）	2.7	16%
鈉（毫克）	39.0	
鈣（毫克）	8.0	
膳食纖維（克）	0.8	

營養小常識

一般市售的布丁多使用蛋、奶、砂糖及油脂作為食材的來源，其熱量、油脂及膽固醇含量均偏高，而此食譜採用天然素材，
不含膽固醇，低油脂，且屬鹼性食物，是一道清涼、爽口的夏日甜品。

甜薯布丁
Sweet Potato Pudding

做法

番薯去皮洗淨，放入電鍋蒸軟，待涼後，用壓泥器壓成泥狀，然後加入其他所有材料拌勻，分裝至6個布丁模型杯，放入烤箱（預熱溫度175℃），烤約30～45分鐘即可。

材料

番薯（去皮、切塊）5杯、蜂蜜2大匙、鹽¼茶匙
香草粉½茶匙、橘子皮（切碎）½茶匙

TIPS

可當作派餡，放入派皮內，烤約45～50分鐘。

營養分析

供應份數：約6人份

營養成分/份	熱量168卡	熱量比例
醣類（克）	39.8	95%
蛋白質（克）	1.3	3%
脂肪（克）	0.4	2%
鈉（毫克）	72.0	
鈣（毫克）	43.0	
膳食纖維（克）	3.0	

營養小常識

番薯俗稱地瓜，富含澱粉，又含多量的 β-胡蘿蔔素及鉀，常食用，有助預防心血管疾病及降低某些癌症的罹患。

紫米糕

- 此道甜點，製作過程非常簡單，很適合家庭製備。
- 如買不到椰棗，可用葡萄乾或紅棗替代。

做法

1. 將紫米、紅豆洗淨，浸泡水約4小時後，瀝去水分，與洗淨的白糯米拌勻，放入電鍋內鍋，加水約4杯，外鍋加水2杯，蒸熟，備用。

2. 椰棗去籽後與桂圓肉分別切成細丁，與 ❶ 項紫糯米飯及蜂蜜一起拌勻，放入模型內，再倒扣在盤中，或用冰淇淋杓盛出排列在盤中即可。

材料

Ⓐ 紫米2杯、白糯米1½杯、紅豆½杯、水4杯
Ⓑ 椰棗（去籽）約10粒、桂圓肉（乾）½杯、蜂蜜¼杯

營養分析

供應份數：約16人份

營養成分/份	熱量222卡	熱量比例
醣類（克）	47.5	86%
蛋白質（克）	5.6	10%
脂肪（克）	1.1	4%
鈉（毫克）	3.0	
鈣（毫克）	17.0	
膳食纖維（克）	1.8	

營養小常識

此道甜點使用天然的果乾及少許蜂蜜作甜味劑，其中的桂圓肉含葡萄糖、蔗糖、蛋白質、多種維生素和腺嘌呤、膽鹼等成分，具滋養、強壯的效用，對於神經衰弱及失眠者亦有不錯的療效。

Black Rice Cake

Brown Rice Cake
糙米糕

做法

將所有材料混合拌勻，倒入焗盤內，上面灑些杏仁片，放入烤箱（預熱溫度175℃），烤約45～50分鐘即可。

材料

糙米飯（煮熟）4杯、全麥麵粉⅓杯、豆奶1杯、鹽⅓茶匙、葡萄乾½杯、蜂蜜3大匙、杏仁片2大匙

TIPS

將此道食譜中的糙米飯改為1杯，豆奶增加至2杯、水1杯混合其它食材拌勻，分裝至布丁模型杯，其它作法相同，就可作出美味的布丁。

營養分析

供應份數：約6人份

營養成分/份	熱量202大卡	熱量比例
醣類（克）	38.5	76%
蛋白質（克）	4.5	9%
脂肪（克）	3.3	15%
鈉（毫克）	110.0	
鈣（毫克）	17.0	
膳食纖維（克）	2.5	

營養小常識

· 糙米糕採用天然素材，不含精製提煉油及精製糖，但富含澱粉、蛋白質、天然優質的油脂、膳食纖維、多種維生素及礦物質，是一道合乎健康又美味的甜點。

Assorted Nut Balls
什錦核果球

做法

1. 先將燕麥片、核桃烤過；腰果用食物調理機打碎，備用。
2. 將葡萄乾、杏桃乾、椰棗放入食物調理機打成泥狀，倒入容器內，加入❶項中所有材料拌勻，作成核果泥。
3. 取1大匙核果泥，揉成圓球狀，可依個人喜好，在外表沾上一層椰子粉或打碎的南瓜子仁作裝飾。

材料

Ⓐ 燕麥片2杯、腰果1½杯、碎核桃1½杯
Ⓑ 葡萄乾1杯、杏桃乾1½杯、椰棗（無籽）1½杯

TIPS

· 核果球分裝放入冷凍庫，可儲存約2星期，直接拿出來食用，口感更好。
· 外表沾黃豆粉、燕麥片、碎杏仁豆或葵花子仁亦是不錯的選擇。

營養分析

供應份數：約42個

營養成分/個	熱量98大卡	熱量比例
醣類（克）	13.7	56%
蛋白質（克）	2.0	8%
脂肪（克）	3.9	36%
鈉（毫克）	2.3	
鈣（毫克）	11.2	
膳食纖維（克）	0.9	

營養小常識

· 此道甜點使用果乾作甜味劑，不僅含果糖，還提供豐富的鉀、鐵、纖維質等多種營養素，與來自天然油脂的核果類及燕麥片組合，是一道很受歡迎的甜食。
· 為避免油脂攝取過多，可減低食材中核果類的份量。

Cashnew Milk
腰果奶

做法

1. 先將冷開水1杯與腰果用果汁機打勻，然後加椰棗、鹽及蘋果繼續打成質地勻細狀。
2. 將 項混合物倒入容器內，再加入溫開水2½杯拌勻即可。

材料

椰棗（去籽）8粒（或蜂蜜2大匙）、
冷開水3½杯、生腰果½杯、
小蘋果（切塊）1個、鹽⅛茶匙

營養分析

供應份數：約4杯

營養成分/杯	熱量132大卡	熱量比例
醣類（克）	16.1	49%
蛋白質（克）	2.5	8%
脂肪（克）	6.4	43%
鈉（毫克）	68.0	
鈣（毫克）	19.0	
膳食纖維（克）	2.4	

營養小常識

腰果是天然的油脂來源，富含多元不飽含脂肪酸、蛋白質、鉀、磷、硒等營養素。腰果奶油脂含量多，熱量較高，可減少腰果份量，添加燕麥片、小米、薏仁、水果等食材，以降低油脂，增加其它營養素的攝取。

TIPS

· 如不馬上喝，需冷藏，保存期間約2天。
· 亦可選用草莓、奇異果或哈蜜瓜等水果替代蘋果。

Almond Milk
杏仁奶

做法

1. 先將杏仁豆½杯泡入溫開水10分鐘後，瀝乾水分，備用。
2. 將泡過的杏仁豆放入果汁機，加入白芝麻及冷開水1杯打成質地勻細狀後，再加入蜂蜜及鹽繼續打勻，倒入容器內加溫開水3杯拌勻即可。

材料

杏仁豆½杯、白芝麻（烤過）2大匙、冷開水1杯、蜂蜜2大匙、鹽⅛茶匙、溫開水3杯

營養分析

供應份數：約4杯

營養成分/杯	熱量137大卡	熱量比例
醣類（克）	11.3	33%
蛋白質（克）	3.7	11%
脂肪（克）	8.5	56%
鈉（毫克）	81.0	
鈣（毫克）	20.0	
膳食纖維（克）	4.7	

營養小常識

杏仁豆富含油脂、蛋白質、維生素、礦物質及纖維質等多種營養素，其中維生素E的含量更是其他堅果類的10倍，具有高度的抗氧作用，且同等量的杏仁豆較精製提煉油含的油脂及熱量低，有預防心血管疾病及降低癌症的發生率。

TIPS

使用黑芝麻或黑芝麻粉替代食材中的白芝麻，椰棗替代蜂蜜亦是不錯的組合。

Soy Milk
全豆奶

做法

1. 黃豆洗淨，浸泡水約4小時後，瀝乾水分，放入電鍋內鍋加些水蓋過黃豆，外鍋放2杯水煮至黃豆熟即可。

2. 煮熟的黃豆待涼後，一杯一杯分裝於小的保鮮袋，放入冰箱冷凍。

3. 前一天晚上，將黃豆從冷凍庫移至冷藏室解凍，第二天早上將黃豆放入果汁機內，加1杯冷開水、椰棗及鹽一起打成質地勻細狀的黃豆奶。

4. 將剩餘的2½杯冷開水加入黃豆奶攪拌均勻即可。（冬天天氣冷可換成2½杯溫開水）。

材料

黃豆（或黑豆）3杯、鹽⅛茶匙、椰棗8粒（或蜂蜜2大匙）、冷開水3½杯

TIPS

全豆奶與一般市面製作的豆漿不同，乃是整粒黃豆打成的豆奶，建議使用「耐用」的果汁機（視刀片而定）打，則不需過濾豆渣。

營養分析

供應份數：約12人份

營養成分/杯	熱量134大卡	熱量比例
醣類（克）	12.6	38%
蛋白質（克）	10.8	32%
脂肪（克）	4.5	30%
鈉（毫克）	5.0	
鈣（毫克）	66.0	
膳食纖維（克）	4.8	

營養小常識

黃豆也稱為大豆，除含有豐富的植物性蛋白質、多元不飽和脂肪酸、卵磷脂、多種維生素及礦物質外，還含有植物化合物──異黃酮素，是一種理想的保健食品。鼓勵多選用黃豆或來源可靠的黃豆製品以替代動物性食品，可預防心血管疾病、降低乳癌的罹患、增強骨骼，及改善婦女更年期的症狀。

Soy and Barley Beverage
豆奶麥茶

做法

大麥茶約50公克放入鍋中，加水約1000c.c.，煮沸後熄火，浸泡約15～20分鐘，使麥茶的香味及色澤溶於水中，過濾麥茶渣，稍涼後，再加入豆奶及適量黑糖拌勻即可，冷、熱飲均宜。

TIPS

- 如果喜好麥茶較濃，麥茶浸泡熱水的時間可以久一點。
- 可依個人喜好，調整豆奶及黑糖的份量。

材料

大麥茶50公克、水1000c.c.、豆奶200c.c.、黑糖2大匙

營養分析

供應份數：約5杯（每杯240cc）

營養成分/杯	熱量36大卡	熱量比例
醣類（克）	4.7	52%
蛋白質（克）	1.2	13%
脂肪（克）	1.4	35%
鈉（毫克）	55.0	
鈣（毫克）	19.0	
膳食纖維（克）	0	

營養小常識

- 一般市售的奶茶，是用紅茶加奶精及砂糖組合而成，紅茶含有咖啡因、茶鹼等物質，會使中樞神經興奮、影響睡眠；奶精主要成分則是棕櫚油或氫化食用油，含飽和及反式脂肪酸，常飲用，易造成熱量攝取過多及增加心血管疾病的風險。
- 大麥茶是將大麥炒過，再經沸煮而得，含多種微量元素、必需氨基酸、多種礦物質及不飽和脂肪酸，但不含茶鹼、咖啡因、單寧等物質，聞起來有咖啡香，喝起來有一股濃濃的麥香味，具有解毒、去油膩、開胃助消化等功效，是合乎天然、健康的飲料。

Oat Milk
燕麥飲料

做法

1. 燕麥片加水1杯煮約5分鐘，稍涼後，倒入果汁機，加杏仁豆、香草、蜂蜜、鹽打成質地勻細狀，然後加入冷開水4杯拌勻。
2. 食用前再加入香蕉打勻即可。

材料

Ⓐ 燕麥片⅓杯、水1杯
Ⓑ 杏仁豆（烤過，切碎）¼杯、香草粉½茶匙、蜂蜜2大匙、鹽⅛茶匙、冷開水4杯
Ⓒ 熟香蕉1根

TIPS

除香蕉外，其它水果，如：蘋果、鳳梨、草莓等亦是不錯的選擇。

營養分析

供應份數：約6杯（每杯240cc）

營養成分/杯	熱量90大卡	熱量比例
醣類（克）	13.5	60%
蛋白質（克）	2.1	9%
脂肪（克）	3.1	31%
鈉（毫克）	16.0	
鈣（毫克）	16.0	
膳食纖維（克）	2.3	

營養小常識

燕麥飲料與全豆奶以1：1的比例混合，不但可降低細胞激數，亦可提升蛋白質的質與量。

Black Sesame Sweet Soup
黑芝麻糊

材料

A 黑芝麻粉1½杯、水6杯、蜂蜜½杯

B 玉米粉4大匙、水6大匙

營養分析

供應份數：約8人份

營養成分/份	熱量219大卡	熱量比例
醣類（克）	21.2	39%
蛋白質（克）	4.2	8%
脂肪（克）	13.0	53%
鈉（毫克）	2.0	
鈣（毫克）	273.0	
膳食纖維（克）	3.0	

做法

1. 先將 **B** 中的玉米粉加水調勻，備用。

2. 鍋內加水6杯，煮滾後，加入黑芝麻粉，改用小火繼續煮至黑芝麻粉水滾，起鍋前，淋入蜂蜜及 **1** 項中的玉米粉水攪拌均勻即可。

Tips

一般製作點心多利用玉米粉來使材料達到粘稠的特性，而不使用太白粉，主要是因玉米粉勾芡的湯汁在放涼後不會有變化，而太白粉的芡汁放涼後會變得較稀，影響口感。

營養小常識

黑芝麻除富含豐富天然油脂及芝麻素外，亦含豐富蛋白質、醣類、維生素A、B、D、E及礦物質鈣、磷、鐵等，有益肝、補腎、養血之功效。但其性滑利，患有腹瀉者不宜食用。

排毒蔬果汁

高C果汁

營養分析

供應份數：約3杯（每杯240cc）

營養成分/杯	熱量106大卡	熱量比例
醣類（克）	25.1	95%
蛋白質（克）	0.8	3%
脂肪（克）	0.3	2%
鈉（毫克）	6.0	
鈣（毫克）	13.0	
膳食纖維（克）	1.7	

做法

1. 蘋果洗淨切塊；鳳梨洗淨，去皮切塊；葡萄洗淨，備用。
2. 將所有切好的水果倒入果汁機內，加入冷開水1杯、檸檬汁及蜂蜜一起打成質地勻細狀即可。

材料

Ⓐ 蘋果（小）1個、鳳梨1杯、葡萄約15粒
Ⓑ 冷開水1杯、檸檬汁2大匙、蜂蜜1大匙

青春蔬菜汁

營養分析

供應份數：約3杯（每杯240cc）

營養成分/杯	熱量104大卡	熱量比例
醣類（克）	22.2	85%
蛋白質（克）	2.5	10%
脂肪（克）	0.6	5%
鈉（毫克）	96.0	
鈣（毫克）	43.0	
膳食纖維（克）	3.2	

做法

1. 洋蔥去皮洗淨切塊；胡蘿蔔、小黃瓜、西洋芹洗淨切小塊；豌豆嬰洗淨、備用。
2. 將所有洗淨切好的蔬菜倒入果汁機內，加入冷開水、蒜瓣、檸檬汁及蜂蜜一起打成質地勻細狀即可。

材料

Ⓐ 胡蘿蔔（小）1根、小黃瓜1杯、西洋芹½杯、豌豆嬰1杯、洋蔥⅛個、蒜1瓣
Ⓑ 冷開水1杯、檸檬汁1大匙、蜂蜜1大匙

TIPS

· 香吉士、柳丁、葡萄柚、奇異果、芭樂、青椒、紅椒、番茄等蔬菜亦富含維生素C，可依喜好，自行搭配。
· 蔬果汁中加入檸檬，可保持食物顏色不易氧化產生「褐變」，但需儘速食用。

營養小常識

· 多數蔬果富含維生素C，在體內可形成膠原幫助傷口癒合、具有抗氧化作用、幫助鐵的吸收及腎上腺素產生的功效，有促進免疫功能及預防癌症的罹患。
· 蔬果類多屬鹼性食物，含較多鹼性礦物質，能調節血液呈正常微鹼性，使體內廢物容易排出體外，增強免疫力。

Fresh Vegetable and Fruit Juice

Baking Recipes:
Bread, Cakes, Crac

PART③
愛烘焙の料理：麵包、鬆糕、餅乾

和麵揉糰發酵，全麥的烘焙香氣，伴著天然果乾的清甜和堅果的口感，每一口都是幸福的滋味。愛烘焙料理，精心製備15道烘焙麵包、鬆糕、餅乾，為孩子提供最健康的小點心。

營養師教室

一般市售烘焙或加工食品多使用動物性奶油、棕櫚油、「氫化」的植物油，如：乳瑪琳、白油、酥油、奶精等或高溫油炸，來增加食物的酥脆、滑嫩感，但在油脂的「氫化過程」或油炸後，就會形成危害人體的反式脂肪酸，而本書的烘焙食譜，乃使用適量的堅果、種子類等作為油脂的來源及增加其口感，不含反式脂肪酸及膽固醇，有助降低罹患心臟疾病或中風的風險。

ers

全麥土司

TIPS

製作小餐包，可將麵糰切分成等重量約70克小麵糰，每個小麵糰揉成圓型或其它形狀，排列在烤盤內，醒約20分鐘後，放入烤箱（預熱溫度上火160℃，下火220℃），烤約30分鐘。

做法

1. 將 組材料混合，攪拌均勻後，慢慢加入全麥麵粉攪拌揉成麵糰，放入容器，上面加蓋或保鮮膜，醒約45分鐘或體積增至一倍大。

2. 麵糰放在灑有麵粉的平板上，揉約10分鐘，可酌量加少許麵粉在手上，繼續揉至麵糰不黏手有彈性為止。

3. 將麵糰切分成3等分，作成3條土司形狀放入模型內，醒約40分鐘後（麵糰增約1倍大），放入預熱烤箱（上火160℃，下火220℃），烤約40分鐘或表面呈金黃色即可。

材料

A 溫水（約54℃）2½杯
蜂蜜⅓杯（或黑糖3/4杯）
鹽½茶匙
B 活性酵母1大匙
全麥麵粉6杯

營養分析

供應份數：土司3條（每條切約11片）

營養成分/片	熱量112大卡	熱量比例
醣類（克）	23.2	83%
蛋白質（克）	3.7	13%
脂肪（克）	0.5	4%
鈉（毫克）	27.0	
鈣（毫克）	21.0	
膳食纖維（克）	1.6	

營養小常識

1. 全麥麵粉是整粒麥子磨成的麵粉，包括：胚乳、胚芽及麩皮，富含維生素B群、維生素E、鐵質及膳食纖維等多種營養素，較精製的穀類，如：白麵包、白土司等營養價值高。

2. 針對糖尿病患者或體重控制者，1片土司相當約1.5份主食。

Whole Wheat Toast

黑芝麻核桃麵包

TIPS

黑芝麻及核桃屬種子、堅果類，含豐富多元不飽和脂肪酸，如果購買份量無法一次用完，建議裝入密封塑膠袋或罐內，置放冷藏或冷凍庫可延長保存時間，降低脂肪氧化劣變產生自由基而影響身體的健康。

做法

1. 將 Ⓐ 組材料混合，攪拌均勻後，慢慢加入全麥麵粉攪拌揉成麵糰，放入容器，上面加蓋子或保鮮膜，醒約45分鐘或體積增至一倍大。
2. 將 Ⓒ 中材料調勻成芝麻醬料，備用。
3. 麵糰放在灑有麵粉的平板上，揉約10分鐘，可酌量加少許麵粉在手上，繼續揉至麵糰不黏手，表面光滑有彈性為止。
4. 將麵糰切分成6等分，每個麵糰　平成圓形，上面鋪勻芝麻醬料，再灑些碎核桃，麵糰由裡向外捲起成橢圓形狀，兩端封口，表面沾些黑白芝麻，排列在烤盤上，醒約30分鐘後（麵糰增約1倍大），放入烤箱（預熱溫度上火180，下火160℃），烤約35分鐘或用竹籤插入不沾黏即可。

材料

Ⓐ 溫水（約54℃）2½杯
　蜂蜜⅓杯（或黑糖¾杯）
　鹽½茶匙
　活性酵母1大匙
Ⓑ 全麥麵粉6杯

Ⓒ 黑芝麻粉⅔杯
　蜂蜜4大匙
　水約⅓杯
Ⓓ 碎核桃¼杯
　白芝麻1大匙
　黑芝麻1大匙

營養分析

供應份數：6個（每個約300公克）

營養成分/個	熱量792大卡	熱量比例
醣類（克）	142.1	72%
蛋白質（克）	23.9	12%
脂肪（克）	14.2	16%
鈉（毫克）	185.0	
鈣（毫克）	286.0	
膳食纖維（克）	11.2	

營養小常識

此烘焙食品添加黑芝麻、核桃，除了增加其風味口感外，富含鐵、鈣及硒等礦物質，也是天然優質的油脂來源，較一般市售麵包的油脂及熱量低，有助降低血膽固醇及預防心血管疾病的發生。

Whole Wheat Bread with
Black Sesame Paste

雜糧麵包

TIPS

可依個人喜好加入不同的食材，如南瓜子、腰果、椰棗、小紅莓等。

做法

1. 將 Ⓐ 組材料混合，攪拌均勻後，慢慢加入全麥麵粉及燕麥片攪拌揉成麵糰，放入容器，上面加蓋或保鮮膜，醒約45分鐘或體積增至一倍大。
2. 麵糰放在灑有麵粉的平板上，將碎核桃、葡萄乾、蕎麥粒揉入麵糰，可酌量加少許麵粉在手上，繼續揉至麵糰不黏手，表面光滑有彈性為止。
3. 將麵糰切分成數等分，每個麵糰揉成圓形或橢圓形狀，表面沾些燕麥片，排列在烤盤上，醒約30分鐘後（麵糰增約1倍大），放入烤箱（預熱溫度上火180℃，下火160℃），烤約35分鐘或用竹籤插入不沾黏即可。

材料

Ⓐ 溫水（約54℃）2½杯
蜂蜜⅓杯（或黑糖¾杯）
鹽½茶匙
活性酵母1大匙

Ⓑ 全麥麵粉6杯
燕麥片1杯

Ⓒ 碎核桃½杯
葡萄乾½杯
蕎麥粒½杯

營養分析

供應份數：6個（每個約300公克）

營養成分/個	熱量837大卡	熱量比例
醣類（克）	155.7	75%
蛋白質（克）	25.9	12%
脂肪（克）	12.3	13%
鈉（毫克）	175.0	
鈣（毫克）	37.0	
膳食纖維（克）	11.4	

營養小常識

全麥麵粉、燕麥片、蕎麥粒等食材屬全穀類，除含豐富澱粉外，還含維生素B群、維生素E、鐵質、膳食纖維、植物化合物等多種營養素，再加入天然油脂來源的核桃及果乾的葡萄乾，不但可增加麵包的風味及口感，還可避免一般烘焙食品所含的反式脂肪酸。

Assorted Whole Grain Bread

麵包布丁

TIPS

- 隔夜的土司，改用來作麵包布丁，是一道老少咸宜的甜點。
- 可將土司撕成小片，與其它所有材料一起混合，放入烤盤，烤成金黃色即可。

做法

1. 將 Ⓐ 中所有材料拌勻，備用。
2. 將每片全麥土司，沾過❶項中的豆奶混合物，然後一層層鋪在烤盤（30公分×18公分）內，兩層之間撒些葡萄乾，將剩餘的豆奶混合物倒入鋪好的土司上，置放約20～30分鐘後，放入烤箱（預熱溫度170℃）烤約30～45分鐘至表面呈金黃色即可。

材料

Ⓐ 豆奶或豆漿⅓杯
蜂蜜2大匙
香草精½茶匙
鹽⅛茶匙
水3杯

Ⓑ 全麥土司8片
葡萄乾½杯

營養分析

供應份數：8份

營養成分/份	熱量170大卡	熱量比例
醣類（克）	35.9	84%
蛋白質（克）	4.7	11%
脂肪（克）	0.9	5%
鈉（毫克）	184.0	
鈣（毫克）	17.0	
膳食纖維（克）	2.4	

營養小常識

人體內的8種必需氨基酸，必須從食物中攝取。全穀類缺乏其中一種必需氨基酸——離氨酸，黃豆缺乏另一種必需氨基酸——甲硫氨酸，但兩種食材組合，產生「互補作用」，反而提升蛋白質的質與量，是一道天然又健康的甜點。

Bread Pudding

法國土司

- 如果準備的份量較多時，亦可將法國土司排列在烤盤上，放入烤箱（預熱溫度180℃），烤約20分鐘呈金黃色即可。
- 可在法國土司上淋少許蜂蜜一起食用。

做法

1. 先將 Ⓐ 中的腰果、椰棗加水約½杯，用果汁機打成泥狀，再加入 Ⓑ 中的果汁、全麥麵粉、蜂蜜、香草粉及剩餘的水½杯繼續打成糊狀，倒入淺盤中，備用。
2. 每片土司的兩面沾 ❶ 項麵糊，放入不沾平底鍋，用小火煎至兩面呈金黃色即可。

材料

Ⓐ 生腰果2大匙
　椰棗5粒
　水1杯
Ⓑ 柳橙汁½杯
　全麥麵粉1大匙
　蜂蜜1大匙
　香草粉½茶匙
Ⓒ 全麥土司12片

營養分析

供應份數：12份

營養成分/份	熱量155大卡	熱量比例
醣類（克）	30.5	79%
蛋白質（克）	4.8	12%
脂肪（克）	1.5	9%
鈉（毫克）	151.0	
鈣（毫克）	13.0	
膳食纖維（克）	2.1	

營養小常識

一般甜食多使用精製糖，如：砂糖、果糖等，作甜味劑，僅含糖分，卻不含其它營養素，而此道食譜使用椰棗替代砂糖，甜度高，除富含果糖外，還含豐富的鉀、鎂、鐵等礦物質及纖維質。

French Toast

全麥饅頭

TIPS

使用竹製蒸籠蒸饅頭，掀蓋時較不會有水氣滴在饅頭上。待涼後，可分裝放入冷凍庫儲存，食用前，用電鍋蒸熱即可。可依個人喜好加入蒸熟的南瓜或山藥做成好吃的南瓜或山藥饅頭

做法

1. 將 Ⓐ 中的材料混合，用筷子拌勻，再加入 Ⓑ 中的麵粉揉勻成麵糰，放入容器，上面加蓋或保鮮膜，醒約30分鐘或體積增至一倍大，然後將麵糰切成4等分，每一塊麵糰揉至不黏手，兩手向外揉搓成長條，每條切成8等分。

2. 蒸籠內放濕布，再放入切分好的麵糰，置熄火的熱水鍋上，醒醱約25～30分鐘，體積增至1倍大，表面光滑，自鍋上取下蒸籠，鍋內加七分滿水，等水煮沸後，再將蒸籠放回鍋上，用大火蒸約12～15分鐘後，熄火，勿立即掀蓋，繼續置放在鍋上約3分鐘，整籠離鍋，立刻掀開，倒出饅頭即可。

材料

Ⓐ 溫熱水（約50℃）2½杯、黑糖½杯、酵母粉1大匙、鹽¼茶匙
Ⓑ 全麥麵粉5杯、中筋麵粉3杯

營養分析

供應份數：18個

營養成分/個	熱量257大卡	熱量比例
醣類（克）	52.9	82%
蛋白質（克）	8.8	14%
脂肪（克）	1.1	4%
鈉（毫克）	27.0	
鈣（毫克）	32.0	
膳食纖維（克）	2.7	

營養小常識

· 全麥麵粉除含澱粉外，還含多種維生素及礦物質、膳食纖維較精製白麵粉的營養價值高。

· 在全麥饅頭中添加一些核桃、南瓜子或葵瓜子等堅果類，可增加維生素E及礦物質的攝取。

Whole Wheat Steamed Buns

香蕉鬆糕

做法

1. 先將 Ⓐ 中的酵母1大匙加入溫水2大匙、蜂蜜1大匙調勻，放置一旁起泡後備用。

2. 香蕉去皮放入大碗用叉子壓成泥，加入 Ⓒ 中材料及 ❶ 項起泡的酵母水拌勻，再加入 Ⓓ 中的全麥及低筋麵粉，如不太稠，再酌量加些低筋麵粉成麵糊狀。

3. 將 ❷ 項拌勻的麵糊倒入烤盤，放入室溫或烤箱（溫度50℃左右），醒約30分鐘或至體積增大1倍時，就可把烤箱溫度調至180℃，烤約30至40分鐘至表面呈金黃色，或用竹籤插入香蕉鬆糕不沾黏即可，待涼後，切塊擺盤。

材料

Ⓐ 酵母1大匙
　溫水2大匙
　蜂蜜1大匙
Ⓑ 香蕉（熟、中8條）約750克
Ⓒ 碎核桃½杯
　椰棗（去籽切小丁）¾杯
　檸檬皮（切碎）1茶匙
　香草粉2茶匙
　鹽¼茶匙
Ⓓ 全麥麵粉（篩過）2杯
　低筋麵粉（篩過）約1杯

營養分析

供應份數：16人份

營養成分/份	熱量203大卡	熱量比例
醣類（克）	37.9	75%
蛋白質（克）	4.9	10%
脂肪（克）	3.5	15%
鈉（毫克）	45.0	
鈣（毫克）	12.0	
膳食纖維（克）	2.4	

營養小常識

· 香蕉富含碳水化合物、鉀、磷等礦物質及維生素A、B群等，且富含色氨酸，可幫助睡眠，減緩憂鬱和情緒不安，另有通便潤腸的功效。

· 香蕉屬高鉀水果，有輔助治療高血壓，但腎臟病、糖尿病患者及胃酸過多者不宜多食。

Banana Bread

141

南瓜鬆糕

做法

1. 南瓜去皮去籽，切成大塊用蒸籠或電鍋蒸熟，備用。

2. 將 **B** 中的酵母1½大匙加入溫水3大匙、蜂蜜1½大匙調勻，放置一旁起泡後，備用。

3. 將蒸熟的南瓜放入大碗，用叉子壓成泥，加入 **C** 中的食材拌勻，再加入**2**項的起泡酵母水拌勻，然後加入全麥及低筋麵粉，如不太稠，再酌量加些低筋麵粉成麵糊狀。

4. 將 **3** 項拌勻的麵糊倒入烤盤，上面撒些白芝麻，放入烤箱（溫度50℃左右），醒約半小時至體積增1倍大時，就可把烤箱溫度調至180℃，烤約30至40分鐘至表面呈金黃色或用竹籤插入南瓜鬆糕不沾黏即可，待涼後，切塊擺盤。

材料

A 南瓜（熟）約1200克
B 酵母1½大匙
　　溫熱水3大匙
　　蜂蜜1½大匙
C 碎核桃¾杯
　　黑糖（篩過）1½杯
　　椰子粉½杯
　　鹽¾茶匙
D 全麥麵粉（篩過）3杯
　　低筋麵粉（篩過）約1½杯
　　白芝麻（生的）1½大匙

營養分析

供應份數：24人份

營養成分/份	熱量217大卡	熱量比例
醣類（克）	39.9	74%
蛋白質（克）	5.6	10%
脂肪（克）	3.9	16%
鈉（毫克）	59.0	
鈣（毫克）	66.0	
膳食纖維（克）	2.5	

營養小常識

南瓜，俗稱「金瓜」，富含澱粉、β-胡蘿蔔素及微量元素的鋅、纖維質，有強化免疫系統，預防呼吸性疾病及過敏的功效。

Pumpkin Bread

TIPS

南瓜最好蒸熟，不要用水煮，以免因水分過多而影響鬆糕品質。

紅豆紅棗糕

TIPS

可將混合的麵糊倒入不沾烤模內，放入烤箱(預熱溫度170℃)烤約40分鐘呈金黃色即可。

做法

1. 先將燕麥片泡入溫水中約10分鐘，再加入全麥麵粉、小紅豆、紅棗、蜂蜜混合拌勻。
2. 將混合的麵糊倒入鋪有濕布的鐵盤，放入蒸籠蒸約30分鐘或竹籤插入紅豆糕不沾黏即可，待涼後，切塊擺盤。

營養分析

供應份數：20人份

營養成分/份	熱量184大卡	熱量比例
醣類（克）	33.1	72%
蛋白質（克）	5.6	12%
脂肪（克）	3.2	16%
鈉（毫克）	31.0	
鈣（毫克）	27.0	
膳食纖維（克）	2.5	

材料

Ⓐ 燕麥片1杯
　 溫水約2杯
Ⓑ 全麥麵粉2杯
　 小紅豆1杯（煮熟）1杯
　 紅棗（去子、切細丁）¾杯
　 蜂蜜（或黑糖¾杯）
　 杏桃乾（切碎）隨意½杯

營養小常識

紅棗含醣類、蛋白質、維生素B$_1$、C、鐵質等，有健脾益胃，補氣養血及保肝的功效，善用紅棗，對身體的助益很大。

Red Bean and Date Cake

總匯三明治

營養分析

供應份數：4份

營養成分/份	熱量278大卡	熱量比例
醣類（克）	51.1	74%
蛋白質（克）	11.2	16%
脂肪（克）	3.2	10%
鈉（毫克）	132.0	
鈣（毫克）	94.0	
膳食纖維（克）	4.8	

Club Sandwiches

做法

1. 洋蔥去皮洗淨切絲；番茄、小黃瓜洗淨切薄片：美生菜洗
   淨，瀝乾水分，備用。
2. 一次取全麥土司3片，每片內層抹上素乳瑪琳醬，然後在一片
   土司上放美生菜及豆腐漢堡餅一片，在漢堡餅上再放一片土
   司後，舖上洋蔥絲、番茄片、小黃片及土司一片，對角切半
   即可。

材料

全麥土司6片、豆腐漢堡餅2片、洋蔥½個、番茄1個、
小黃瓜1根、美生菜4片、素乳瑪琳醬2大匙

營養小常識

· 此道食譜富含澱粉、黃豆蛋白、維生素、礦物質及纖維質，且油脂及熱量較一
  般市售三明治低。
· 糖尿病患或減重者，在其飲食計劃中，1份三明治相當3份主食及1份蛋白質。

燕麥餅

 TIPS

可使用湯匙，將麵糊一個個盛入不沾平底鍋，
用中小火煎至兩面呈金黃色即可。

營養分析

供應份數：24份

營養成分/份	熱量95大卡	熱量比例
醣類（克）	17.5	74%
蛋白質（克）	3.5	15%
脂肪（克）	1.2	11%
鈉（毫克）	19.0	
鈣（毫克）	7.0	
膳食纖維（克）	1.5	

做法

1. 酵母粉溶於溫水中，加入蜂蜜，置放5分鐘，備用。
2. 將燕麥片用果汁機分2次打碎，倒入大的容器內，加入 ❶ 項酵母液、全麥麵粉1杯及鹽，拌成麵糊後，再加入剩餘的1杯全麥麵粉攪拌均勻。
3. 用湯匙或冰淇淋杓，將麵糊一個個盛入排列在烤盤內，用叉子將其稍為壓平，醒約20～30分鐘，然後放入烤箱（預熱溫度180℃），烤約15～20分鐘即可。

材料

Ⓐ 溫水2杯、酵母粉2大匙、蜂蜜2大匙
Ⓑ 燕麥片3杯、全麥麵粉2杯、鹽¼茶匙

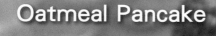

Oatmeal Pancake

營養小常識

· 燕麥片富含澱粉質、維生素、礦物質、水溶性纖維質，及植物性化合物。
· 常食用，有助降低血中膽固醇，及延緩血糖的升高。

香蕉核桃餅乾

TIPS

· 香蕉核桃餅乾製作過程簡單，很適合家庭製備。

· 餅乾的甜度，可依個人喜好，斟酌加減葡萄乾或椰棗的份量。

營養分析

供應份數：30個

營養成分/個	熱量81大卡	熱量比例
醣類（克）	11.3	56%
蛋白質（克）	1.6	8%
脂肪（克）	3.3	36%
鈉（毫克）	9.0	
鈣（毫克）	8.0	
膳食纖維（克）	0.9	

做法

1. 香蕉去皮放入容器內，用叉子壓成泥，備用。

2. 其餘材料與香蕉泥攪拌均勻，如太濕，可酌量加些燕麥片，將混合好的材料，蓋上保鮮膜冷藏20分鐘，讓燕麥片完全吸收水分後再烤。

3. 將 ❷ 項的燕麥混合物用湯匙或量匙舀出，一個個排列在烤盤上，用叉子輕壓成圓扁形，然後放入烤箱（預熱溫度160℃），烤約30～40分鐘呈金黃色即可。

材料

中型香蕉（熟）4根、葡萄乾或椰棗（切小丁）⅔杯、
燕麥片（快煮的）約2杯、核桃（壓碎）½杯、鹽⅛茶匙

黃金椰子球

TIPS

· 此道甜點含水分較高，在室溫下可保存2天，如沒吃完，分裝儲存在冷凍庫，食用前，解凍，然後放入烤箱略烤一下即可。

營養分析

供應份數：24個

營養成分/個	熱量60大卡	熱量比例
醣類（克）	6.7	45%
蛋白質（克）	0.6	4%
脂肪（克）	3.4	51%
鈉（毫克）	23.0	
鈣（毫克）	2.0	
膳食纖維（克）	0.9	

做法

1. 胡蘿蔔削皮洗淨刨絲，切細碎。

2. 將 ❸ 中的水、蜂蜜及鹽調勻，倒入容器內，加入胡蘿蔔、全麥麵粉及椰子粉拌勻，若不夠黏稠，可酌量添加全麥麵粉。

3. 用湯匙或量匙舀出椰子麵糊，搓成圓球或金字塔三角形，一個個排列在烤盤上，放入烤箱（預熱170℃），烤約30分鐘呈金黃色即可。

材料

Ⓐ 胡蘿蔔（切碎）1杯
Ⓑ 水½杯、鹽¼茶匙、蜂蜜1/3杯
Ⓒ 全麥麵粉1/4杯、椰子2杯

Banana and Nut Cookies
Golden Coconut Cookies

營養小常識

· 此餅乾使用葡萄乾或椰棗作甜味劑,除富含果糖外、還含豐富的鐵、鉀等礦物質及纖維質,較精製的砂糖營養價值高。

· 一般市售的西點或餅乾大都使用乳瑪琳、白油或酥油作為油脂來源,因而增加反式脂肪酸的攝取,易降低免疫力及引發心血管疾病的機率。此餅乾使用核桃或其它堅果類作為油脂來源,不僅可提供天然優質的油脂,且可提供豐富的礦物質及微量元素。

· 胡蘿蔔含有豐富的 β-胡蘿蔔素、鉀、鈣、磷、鐵等礦物質。β-胡蘿蔔素是強力的抗氧化劑,有助預防某些癌症的發生。

亞麻堅果餅乾

TIPS

份量可一次多作，待涼後，裝入密封
罐內，在室溫下可儲存約一星期。

做法

1. 將 Ⓐ 中的葡萄乾、水放入果汁機打細，再加入1大匙全麥麵粉
   拌勻。
2. 將 Ⓑ 中的燕麥片2杯及杏仁豆分別放入烤箱（預熱低溫約
   120℃），需常翻轉，烤約30分鐘呈淺黃色，然後將烤過的杏仁
   豆用食物調理機打成細顆粒狀，備用。
3. 將 Ⓒ 中的亞麻仁籽、椰子粉與❶及❷項的材料混合拌勻，舖
   在烤盤上用擀麵棍用力擀成薄片，然後用鈍刀切成餅乾形狀，
   放入烤箱（預熱溫度約120℃）烤約15分鐘呈金黃色即可。

材料

Ⓐ 葡萄乾½杯
　 水½杯
　 全麥麵粉1大匙
Ⓑ 燕麥片2杯
　 杏仁豆⅓杯
Ⓒ 亞麻仁籽（烤過）3大匙
　 椰子粉2大匙

營養分析

供應份數：25片

營養成分/片	熱量62大卡	熱量比例
醣類（克）	7.9	51%
蛋白質（克）	1.6	11%
脂肪（克）	2.7	38%
鈉（毫克）	4.0	
鈣（毫克）	8.0	
膳食纖維（克）	1.5	

營養小常識

亞麻子含少許飽和脂肪酸，卻含豐富多元不飽和脂肪酸（特別是含豐富的
Omega-3脂肪酸）、植醇及水溶性纖維素。可將亞麻子磨碎加在穀類中，
做成烘焙食品，有堅果粒的口感。常食用，有助降低血膽固醇及低密度
脂蛋白（LDL-C），抗凝血，但不會影響血中三酸甘油脂及高密度脂蛋白
（HDL-C）。

Flaxseed and Nut Crackers

全麥餅乾

TIPS

- 喜愛甜食者，可減少食材中鹽的份量，添加一些果乾，如小紅莓、杏桃乾、葡萄乾等作為甜味劑。
- 全麥餅乾待涼後，裝入密封塑膠袋或罐內，可保存一星期。

做法

1. 先將酵母粉，溫水及蜂蜜拌勻，置放約10～15分鐘。
2. 將一半的全麥麵粉1½杯加入 ❶ 項酵母水中，拌成麵糊狀，置放約10～15分鐘後，再加入其餘的麵粉及鹽揉成一個麵糰。
3. 將麵糰切成數等分，每份放在灑有麵粉的餅乾烤盤內，用擀麵棍擀成非常薄的麵皮，用模型壓成餅乾狀，醒約20分鐘後放入烤箱（預熱溫度120℃），烤約1小時呈金黃色即可。

營養分析

供應份數：40片

營養成分/片	熱量45大卡	熱量比例
醣類（克）	9.3	82%
蛋白質（克）	1.6	14%
脂肪（克）	0.2	4%
鈉（毫克）	11.0	
鈣（毫克）	1.3	
膳食纖維（克）	0.7	

材料

Ⓐ 溫水1杯
　 乾酵母粉1大匙
　 蜂蜜1茶匙
Ⓑ 全麥麵粉3杯
　 鹽½茶匙

營養小常識

1. 此種餅乾是用酵母粉作膨鬆劑，且不含油脂，可替換米飯、麵包等作為主食的來源。
2. 針對糖尿病患者或體重控制者，在其飲食計劃中，1片餅乾相當½份主食。

Whole Wheat Biscuits

Homemade Sauces
Dressings: Sauces,

PART④
愛DIYの醬料：自製調味料、醬汁、果醬

使用調味料是為了好吃，還是為了健康？愛DIY醬料，滿足你美味與健康的需求。
19道自製調味料、醬汁、果醬，完全使用天然的食材，打造出最新鮮的味道。

營養師教室
一般市售的調味料、沙拉醬及果醬，常常加入過多的糖還有化學添加物，長期食用可能
會影響身體健康。本食譜教導讀者運用天然食材，自己製做健康又美味的調味品、醬
汁和果醬。使用天然溫和的香料來替代過於刺激的調味品。

ressing, Jelly

Vegetarian Broth
素高湯

做法

將所有的材料洗淨，高麗菜切成大片、胡蘿蔔切塊、玉米切段放入鍋中，加水約八杯，用小火熬成素高湯。

材料

黃豆芽100克
海帶芽20克
高麗菜1¼顆
玉米1根
胡蘿蔔1根
甘蔗1節

Cashew Dressing
腰果沙拉醬

做法

將 Ⓐ 組中所有的材料放入果汁機中打成質地勻細的泥狀，然後倒入鍋內，用小火煮，並依序加入 Ⓑ 組的調味料，需不停攪拌，以防燒焦，煮至稠狀即可。

材料

Ⓐ 生腰果½杯
　水2杯
　新鮮檸檬汁2大匙
　玉米粉2大匙

Ⓑ 鹽½茶匙
　洋蔥粉1茶匙
　大蒜粉½茶匙
　蜂蜜2茶匙

營養分析

供應份數：約15大匙		
營養成分	熱量442大卡	熱量比例
醣類（克）	53.5	48%
蛋白質（克）	10.0	9%
脂肪（克）	21.0	43%
鈉（毫克）	2012.0	
鈣（毫克）	39.0	
膳食纖維（克）	1.7	

TIPS

用高麗菜、玉米等素材熬成的素高湯，湯汁鮮美，可替代味精。不妨一次準備多些份量，待涼後，分裝放入冷凍庫貯存。需要時，取出解凍，加入菜餚或湯內，可增加菜餚的鮮度。

營養小常識

· 腰果富含油脂，其中多為單元及多元不飽和脂肪酸，此外還含蛋白質、鉀、磷及硒等營養素，為天然、優質的油脂來源。
· 腰果沙拉醬屬油脂類，1茶匙沙拉醬約含30大卡熱量。針對心血管疾病、糖尿病患，或減重者，在其飲食計畫中，2½大匙的沙拉醬相當1份的油脂。

Tofu Mayonnaise
豆腐沙拉醬

做法

將所有材料，用果汁機打勻（如需要，可加少許冷開水），裝入緊密容器中，冷藏，需儘速食畢。

材料

嫩豆腐（盒裝）1盒
新鮮檸檬汁2大匙
蜂蜜1大匙
洋蔥粉1茶匙
大蒜1瓣
蒔蘿草½茶匙
鹽½茶匙

營養分析

供應份數：約15大匙		
營養成分	熱量 206大卡	熱量比例
醣類（克）	17.9	35%
蛋白質（克）	15.6	30%
脂肪（克）	8.0	35%
鈉（毫克）	2199.0	
鈣（毫克）	61.0	
膳食纖維（克）	5.5	

Avocado Dressing
酪梨沙拉醬

做法

酪梨洗淨去皮，去核，切成塊狀，與其他所有材料一起放入果汁機內打勻，裝入密封罐內冷藏，需儘速食用，以免變質。

材料

軟酪梨（小）1個
洋蔥（切碎）½杯
水1/2杯
洋蔥粉½大匙
香蒜粉1茶匙
檸檬汁1大匙
鹽½茶匙
啤酒酵母片2大匙

營養分析

供應份數：約20大匙		
營養成分	熱量 487大卡	熱量比例
醣類（克）	50.2	41%
蛋白質（克）	10.2	9%
脂肪（克）	27.3	50%
鈉（毫克）	2073.0	
鈣（毫克）	71.0	
膳食纖維（克）	9.4	

營養小常識

· 盒裝豆腐是使用葡萄糖酸內脂(GDL)作凝固劑，與一般傳統豆腐使用的鹽滷(石膏)不同，因此含鈣量較低，至於其它營養成分則差異不大。

· 此沙拉醬清淡爽口，不含膽固醇及防腐劑，且油脂及熱量較一般市面的沙拉醬低，適用於食慾不振、肥胖、心血管疾病患者。

TIPS

此道沙拉醬，選用盒裝豆腐比一般傳統豆腐較為合適，因其質地細膩，無黃豆味，製作出的醬料口感較好。

營養小常識

啤酒酵母片，為天然植物性食品，富含蛋白質、維生素B群、磷、鉀、鎂、及一群酵素，可維護皮膚、神經的健康，及預防消化不良、口腔炎等症狀。

Golden Dressing
黃金沙拉醬

做法

將Ⓐ組中的馬鈴薯、胡蘿蔔去皮洗淨切塊，放入鍋中，加入1⅓杯水，用小火煮軟，稍涼後，連汁一起倒入果汁機，再加入 Ⓑ 組中所有材料一起打成泥狀即可。可與米飯、馬鈴薯或蔬菜搭配一起食用。

材料

Ⓐ 馬鈴薯（中）1個
　 胡蘿蔔（中）½根
　 水1⅓ 杯

Ⓑ 生腰果20克
　 新鮮檸檬汁1½ 大匙
　 鹽½茶匙
　 香芹鹽¼茶匙

營養分析

供應份數：約20大匙

營養成分	熱量429大卡	熱量比例
醣類（克）	64.0	60%
蛋白質（克）	14.0	13%
脂肪（克）	13.0	27%
鈉（毫克）	2695.0	
鈣（毫克）	56.0	
膳食纖維（克）	7.7	

Homemade Ketchup
自製番茄醬

做法

新鮮番茄洗淨切塊，用果汁機或食物調理機打成泥狀，倒入鍋內用小火慢煮成稠狀，需不停攪拌，再加入其它所有材料拌勻，離火，冷卻後，倒入密封容器內，冷藏即可。

材料

新鮮番茄（中）2個
番茄糊¼杯
新鮮檸檬汁2大匙
蜂蜜1大匙
甜羅勒½茶匙
蒜粉½茶匙
洋蔥粉½茶匙
鹽½茶匙

營養分析

供應份數：約15大匙

營養成分	熱量238大卡	熱量比例
醣類（克）	51.6	87%
蛋白質（克）	6.0	10%
脂肪（克）	0.9	3%
鈉（毫克）	2224.0	
鈣（毫克）	71.0	
膳食纖維（克）	4.0	

營養小常識

· 番茄富含維生素A. C. 茄紅素(Lycopene)、香豆酸及產氨酸。據一些研究報告顯示，茄紅素具有抗癌作用，可降低攝護腺癌的罹患。而香豆酸、產氨酸在體內有抑制亞硝酸氨(致癌物質)的形成，亦有防癌功效。

· 自製蕃茄醬，其所含的鈉量及糖分是一般市售蕃茄醬的1/3，且熱量較低，想要吃的健康又美味，不妨自己作。

TIPS

挑選新鮮番茄時，紅色成熟的番茄比綠色、尚未成熟的番茄所含的茄紅素(Lycopene)高出2倍。在製作時，用小火慢煮，能使茄紅素更易釋出。

Almond Butter with Onion
洋蔥蜂蜜杏仁醬

做法

將所有材料混合拌勻，裝入密封罐內，冷藏即可。
可塗抹在麵包或饅頭上，一起食用。

材料

原味杏仁醬1杯
洋蔥（切碎）¼杯
蜂蜜2大匙
鹽⅓茶匙

營養分析

供應份數：約20大匙		
營養成分	熱量 873大卡	熱量比例
醣類（克）	49.7	23%
蛋白質（克）	22.7	10%
脂肪（克）	64.8	67%
鈉（毫克）	1200.0	
鈣（毫克）	312.0	
膳食纖維（克）	0.5	

Tomato Dressing
茄汁沙拉醬

做法

聖女小番茄洗淨，瀝乾水分，與其它所有材料一
起放入果汁機中打成質地勻細的泥狀，倒入密封
罐內，冷藏，需儘速食畢。

材料

聖女小番茄3杯
腰果¼杯
蜂蜜2大匙
新鮮檸檬汁1大匙
鹽½茶匙

營養分析

供應份數：約30大匙		
營養成分	熱量 408大卡	熱量比例
醣類（克）	53.3	52%
蛋白質（克）	10.9	11%
脂肪（克）	16.8	37%
鈉（毫克）	2073.0	
鈣（毫克）	79.8	
膳食纖維（克）	6.1	

TIPS

此道醬料加入適量的天然無發酵醬油拌勻，就變成一道美味
的沾醬。

營養小常識

· 茄汁沙拉醬與一般沙拉醬最大的不同，在於油脂及熱量較
  低，1大匙僅含約20大卡熱量，不含膽固醇，卻多了維生素
  C及膳食纖維。

· 體重控制或糖尿病患者，可酌量減少腰果及蜂蜜的份量。

Garbanzo Dressing
雪蓮子豆沙拉醬

做法

將煮熟的雪蓮子豆1杯及其餘材料放入果汁機一起打至質地勻細狀即可。

材料

雪蓮子豆（煮熟）1杯
大紅番茄1個
蒜頭2瓣
冷開水½杯
鹽¼茶匙

營養分析

供應份數：約24大匙		
營養成分	熱量 354大卡	熱量比例
醣類（克）	59.5	67%
蛋白質（克）	18.9	21%
脂肪（克）	4.5	12%
鈉（毫克）	811.0	
鈣（毫克）	142.0	
膳食纖維（克）	11.0	

營養小常識

雪蓮子豆：又稱雞豆，富含蛋白質、醣類、膳食纖維及多種維生素及礦物質，有抗氧化、保護心血管的功能

TIPS

· 雪蓮子豆洗淨後，浸泡水中約30分鐘後再煮，可縮短加熱時間。
· 此道醬料可與麵條、飯或蔬菜搭配一起食用。

Orange Dressing
柳橙沙拉醬

做法

將新鮮柳橙汁及腰果放入果汁機中打勻，然後加入糙米飯、蒔蘿草及鹽繼續打成質地勻細狀即可。

材料

柳橙汁2½杯
生腰果⅓杯
糙米飯¾碗
蒔蘿草1大匙
鹽1茶匙

營養分析

供應份數：約45大匙		
營養成分	熱量 656大卡	熱量比例
醣類（克）	113.2	69%
蛋白質（克）	13.4	8%
脂肪（克）	16.6	23%
鈉（毫克）	1709.0	
鈣（毫克）	27.6	
膳食纖維（克）	1.1	

營養小常識

· 柳橙：含豐富維生素C，能形成膠原促進傷口癒合、幫助鐵質的吸收，且具有抗氧化作用，可增強免疫系統，降低癌症的罹患。

· 此沙拉醬1平大匙僅含約25大卡熱量，油脂及熱量較一般沙拉醬低，且不含反式脂肪酸及膽固醇，是一道健康又美味的醬料。

Sesame Flakes
素香鬆

做法
先將白芝麻用乾燥果汁機打成細粉狀。
倒出 **❶** 項的芝麻粉與其他材料混合拌勻即可。

材料
白芝麻（炒過）1杯、
啤酒酵母粉¼杯、香蒜粉1茶匙、
洋蔥粉2茶匙、鹽½茶匙

營養小常識
白芝麻除富含多元不飽和脂肪酸及芝麻素外，尚含豐富蛋白質、醣類、維生素E、卵磷脂及礦物質鈣、磷、鐵等多種營養素，是滋養強壯的食品，有益肝、補腎、養血之功效。

TIPS
· 一次份量可多作，待涼後，裝入密封罐內冷藏，保存約一星期。可配飯、饅頭、麵包或生菜一起食用。
· 芝麻整粒食用，不易消化，較難吸收，建議最好研磨成粉末或用果汁機打成醬料。

營養分析
供應份數：約16大匙

營養成分/匙	熱量48大卡	熱量比例
醣類（克）	1.5	13%
蛋白質（克）	1.4	12%
脂肪（克）	4.0	75%
鈉（毫克）	42.0	
鈣（毫克）	6.2	
膳食纖維（克）	0.7	

素乳瑪琳醬

做法

將 Ⓐ 中的馬鈴薯、胡蘿蔔去皮洗淨切塊；南瓜帶皮帶籽切塊，一起放入電鍋蒸熟，備用。

將❶項食材放入果汁機，加入 Ⓑ 中所有食材一起打成質地勻細狀即可。

材料

Ⓐ 南瓜（中）¼個
　胡蘿蔔（小）½條
　馬鈴薯（小）1個

Ⓑ 生腰果½杯
　水2杯
　鹽½茶匙
　新鮮檸檬汁1½大匙

Vege-margarine

TIPS

此醬與市售的乳瑪琳風味相似，可替代乳瑪琳與蔬菜、馬鈴薯、麵包一起搭配食用。一次可多量製備，分裝放入冷凍庫儲存，食用前解凍加熱即可。

營養分析

供應份數：32大匙

營養成分/匙	熱量19大卡	熱量比例
醣類（克）	2.8	59%
蛋白質（克）	0.6	13%
脂肪（克）	0.6	28%
鈉（毫克）	36.0	
鈣（毫克）	3.4	
膳食纖維（克）	0.5	

營養小常識

市售的乳瑪琳是將提煉的植物油，經過「氫化作用」製造而成，增加反式脂肪酸的含量，常食用，易增加罹患心血管疾病的風險。

素乳瑪琳醬使用的腰果為天然油脂的來源，且南瓜含有豐富的 β-胡蘿蔔素、精胺酸及纖維質，有助預防攝護腺癌、腸癌的功效。

黑芝麻醬

做法

1. 黑芝麻雜質多，使用細的濾網用水沖洗。
2. 將洗淨的黑芝麻放入炒鍋中，用小火邊炒邊翻，直到變乾燥及聞到香味即可熄火。
3. 待芝麻完全涼後，放入乾燥的果汁機內打成粉末，再加入其餘材料打成醬即可。可塗麵包、饅頭。

材料

黑芝麻2杯、冷開水½杯、蜂蜜4大匙、鹽½茶匙

營養分析

供應份數：24大匙

營養成分/匙	熱量63大卡	熱量比例
醣類（克）	3.5	22%
蛋白質（克）	1.8	11%
脂肪（克）	4.7	67%
鈉（毫克）	17.0	
鈣（毫克）	146.0	
膳食纖維（克）	1.7	

Black Sesame Paste

營養小常識

黑芝麻富含天然油脂，其主要成分為亞麻油酸，有助女性子宮收縮、荷爾蒙正常的分泌；更是植物性食物中含鈣量最高的食材，同時含有維生素及多種礦物質，尤其對失眠、更年期婦女不適的症狀及預防骨質疏鬆有幫助。

TIPS

- 炒芝麻的火候及時間要掌控，炒得過久會有苦味。
- 把冷開水分量減半，其做法不變，即成較稠的黑芝麻醬，可作包子餡、元宵餡、麻糬餡。

核桃豆腐醬

做法

1. 核桃先用小火炒過，或低溫（100℃）烤20分鐘，待涼後，用果汁機打成粉末，備用。
2. 豆腐瀝乾水分壓成泥，然後加入核桃粉及其餘材料拌勻即可。
3. 可塗麵包、饅頭或作三明治內餡，是道營養美味的鹹味醬。

材料

碎核桃1杯、老豆腐1塊（約120克）、洋蔥（洗淨切碎）½杯、香菜（洗淨切碎）⅓杯、天然無發酵醬油2大匙

營養小常識

1. 傳統豆腐含豐富的蛋白質、鈣質、維生素、礦物質、卵磷脂及植物性化合物的異黃酮素等營養素。
2. 鼓勵多選用植物性蛋白質以替代動物來源的食材，可降低血膽固醇，預防血管硬化，強化骨質，及可預防罹患某些癌症。

Walnut and Tofu Spread

營養分析

供應份數：約36大匙

營養成分/匙	熱量22大卡	熱量比例
醣類（克）	0.8	15%
蛋白質（克）	0.8	15%
脂肪（克）	1.7	70%
鈉（毫克）	39.0	
鈣（毫克）	7.4	
膳食纖維（克）	0.2	

TIPS

· 建議到來源可靠的商店或有機店購買不含防腐劑、化學添加物的傳統豆腐。
· 辨識豆腐是否不含防腐劑或添加物；可將一塊豆腐放在室溫下3、4個小時，如果產生酸味且觸摸黏黏的，即是新鮮天然的好豆腐。

大蒜醬 Garlic Spread

做法

1. 將 中的腰果加水用果汁機打成泥狀，然後加入 Ⓑ 中所有材料再用果汁機稍打一下，倒入鍋內煮成稠狀即可。
2. 可直接塗在麵包上食用或塗在麵包上放入預熱烤箱（180℃）烤約5分鐘即可。

材料

Ⓐ 水1杯
生腰果½杯

Ⓑ 啤酒酵母片1大匙
鹽1茶匙
黃色玉米粉½杯
洋蔥粉1茶匙
大蒜4瓣
蒔蘿草½茶匙

營養小常識

大蒜含豐富的硫化物及植物化合物，可抗凝血、放鬆血管、清血、殺菌等功效，常食用，有助預防血栓、降低高血壓及血膽固醇。

TIPS

大蒜醬如需稠一點，可減少水分或增加黃色玉米粉的份量作調整。

營養分析

供應份數：16大匙

營養成分/匙	熱量38大卡	熱量比例
醣類（克）	4.9	51%
蛋白質（克）	0.6	6%
脂肪（克）	1.8	43%
鈉（毫克）	87.0	
鈣（毫克）	4.0	
膳食纖維（克）	0.5	

Seaweed Paste
海苔醬

做法

1. 先將每張海苔分成4等分，備用。
2. 炒鍋內加水約1杯、天然醬油、蜂蜜用小火煮勻，然後將海苔片分數次放入鍋中，煮至湯汁收乾，熄火，再加入炒過的白芝麻拌勻即可。可配飯、粥或夾饅頭食用均可。

材料

海苔15大張、水1杯、天然無發酵醬油3大匙、黑糖1½大匙（或蜂蜜1大匙）、白芝麻（炒過）3大匙

營養小常識

1. 海苔屬紅藻類，生長海邊岩石上，富含蛋白質、維生素A、B群、及碘、鈣、鐵等礦物質，且脂肪含量較低，有助改善血液循環、增強免疫力、延緩衰老等功效。
2. 海苔含鈉及碘較高，高血壓及甲狀腺機能亢進的患者較不宜食用。

TIPS

· 海苔勿煮太爛，口感較好。
· 待涼後，裝入玻璃罐冷藏，可儲存一星期。

營養分析

供應份數：約16大匙

營養成分/匙	熱量20大卡	熱量比例
醣類（克）	2.6	52%
蛋白質（克）	1.3	26%
脂肪（克）	0.5	22%
鈉（毫克）	189.0	
鈣（毫克）	12.0	
膳食纖維（克）	0.4	

Pineapple Jam
鳳梨果醬

做法

1. 柳橙壓成汁（約1杯），刨柳橙皮為細絲切碎，備用。
2. 將 ❶ 項材料與 Ⓑ 中的鳳梨碎丁、蜂蜜、玉米粉、鹽混合拌匀，放入鍋中，用小火慢煮，需不斷攪拌至稠狀即可起鍋。

材料

Ⓐ 柳橙汁1杯　　Ⓑ 新鮮鳳梨（切碎丁）1杯
　 柳橙皮1茶匙　　　玉米粉約1½大匙
　　　　　　　　　　鹽⅛茶匙
　　　　　　　　　　蜂蜜4大匙

營養分析

供應份數：約20大匙

營養成分/匙	熱量16卡	熱量比例
醣類（克）	3.6	90%
蛋白質（克）	0.3	7%
脂肪（克）	0.05	3%
鈉（毫克）	15.0	
鈣（毫克）	2.0	
膳食纖維（克）	0.2	

營養小常識

鳳梨富含鳳梨酵素，能分解蛋白質，有助消化和吸收，且含豐富維生素B群，可消除疲勞；亦可加入菜餚中作為調味料，增加食物的風味及減少鹽的用量。

此果醬為低糖果醬，且不含任何添加物，請儘速食用。待涼後，裝入罐中冷藏，儲存時間約為一星期。亦可依個人喜好，使用蘋果、草莓等水果替代。

Date Spread
椰棗醬

做法

1. 椰棗用少量熱水泡幾分鐘，使其軟化。
2. 用果汁機打成稠狀後（如果太稠，可加少許熱水），裝入容器，冷藏即可。
3. 此醬可搭配麵包、煎餅、鬆餅一起食用。

材料

椰棗（去籽）¾杯（110克）

Tips

· 製作椰棗醬的過程中，如用果汁機打的太稠時，除可加少許熱水調稀外，亦可改用檸檬汁替代水，可添增不同的風味，及促進鐵質的吸收。

營養分析

供應份數：約12大匙

營養成分	熱量300大卡	熱量比例
醣類（克）	72.0	96%
蛋白質（克）	2.1	3%
脂肪（克）	0.5	1%
鈉（毫克）	3.0	
鈣（毫克）	36.0	
膳食纖維（克）	2.4	

· 椰棗醬，1大匙約含25大卡熱量。糖尿病或體重控制者，在其飲食計畫中可替換1/2份水果。
· 針對腎臟疾病或限鉀飲食患者，宜酌量食用。
· 椰棗，含豐富的鈣、鎂、鐵等礦物質，亦含果糖，甜度高，可替代精製糖，作甜味劑。

Apple Jam
蘋果醬

做法

1. 新鮮蘋果洗淨，去心，切碎。
2. 將切碎的蘋果及其它所有材料放入果汁機內打成泥狀，倒入鍋內，用小火慢煮，不停攪拌至稠狀，待涼後，裝入密封容器，冷藏，需儘速食畢。

材料

新鮮蘋果（中）2個
純蘋果汁 2杯
水 ½杯
玉米粉5大匙
新鮮檸檬汁1大匙
椰棗（去籽）5粒

營養

供應份數：約40大匙

營養成分	熱量654大卡	熱量比例
醣類（克）	155	95%
蛋白質（克）	2.1	1%
脂肪（克）	2.8	4%
鈉（毫克）	81.0	
鈣（毫克）	88.0	
膳食纖維（克）	4.0	

營養小常識

· 蘋果富含果糖、鉀、及膳食纖維中的果膠，有助健胃整腸、降低血壓的功效。

· 此蘋果醬，1大匙約含20大卡熱量，僅為市面上一般果醬的1/2，針對糖尿病、或減重者，在其飲食計畫中可替換 1/3份的水果。

· 新鮮蘋果去皮後，易產生褐變，先浸泡在鹽水或檸檬汁中一會兒，可抑制色澤的改變。

· 除蘋果外，其它水果，如草莓、櫻桃、鳳梨等新鮮水果，亦可選用作果醬

臺安醫院

基督復臨
安息日會
醫療財團法人
Taiwan Adventist
HOSPITAL

http://www.tahsda.org.tw
台北市105松山區八德路二段424號
電話：(02) 2771-8151
服務信箱：service@tahsda.org.tw

臺安醫院簡介

臺安醫院是由「基督復臨安息日會」所創辦，為該會全球七百多所醫療機構之一。1949年，本會由上海遷移來台北，並由米勒耳博士負責籌劃創設事宜，1955年3月28日正式揭幕，設有70張病床，新穎的醫療設備堪稱台灣之最，隨著服務量增加及新設備的擴充，原舊大樓面積已不敷使用，1986年於原址興建新大樓，將一般病床及加護病床、洗腎病床、精神科日間病床等特殊病床擴充至近450床，並於1994年經衛生署評鑑晉級為『區域教學醫院』。

我們的使命

我們同心為民眾身心靈的需要而服務，效法耶穌當日不倦不息的榜樣，去預防並解除疾病、苦難和罪的重擔，使人恢復健康、平安和完美的品格。

我們的願景

我們擔負區域級基督教醫院的責任，為大台北地區民眾提供完整、專精及高成效的醫療服務，並積極關懷社群，促進民眾健康生活，樹立預防醫學的典範。

我們的價值觀

憐憫真誠　友愛喜樂　主動積極　效率卓越

臺安醫院健診中心

面對未來的環境及國家醫療體係的需求，本院擔負提倡健康醫學的重任，於2011年1月成立健康事業發展部，整合院內健診中心、運動中心、美容中心、營養課、新起點、敦南事業中心，使部門間的資源以達充份的運用，並擴展與健康醫學相關的周邊產業，更致力提昇以健康醫學為主軸，健全民眾健康的保健資訊與提供。

為忙碌的現代人，我們設計了一套不用住宿的新起點健康生活計畫。並在臺安醫院醫療大樓旁獨立新建「健康管理中心大樓」，設立環境優良的教室，設備媲美一流健身中心的運動中心及健康無油的天然之味餐廳。讓追求健康的民眾，同時兼顧健康、事業及家庭的照顧。

健診中心服務特色

秉持著敬業樂業的態度及堅持每一項檢驗、檢查流程貫徹五心級的理念，達到專業用心、健診細心、服務熱心、品質放心、顧客安心的服務標準，為您的健康做把關。提倡預防醫學是臺安醫院的願景『我們擔負區域級基督教醫院的責任，為大台北地區民眾提供完整、專精及高成效的醫療服務，並積極關懷社區，促進民眾健康生活，樹立預防醫學的典範』

健診中心服務項目

● 美式半日、一日全身健康檢查　　● 壽險公司特約健康檢查
● 企業團體特約健康檢查　　　　　● 外籍移工（定居）健康檢查
● 移民、留學健康檢查　　　　　　● 信、望、愛系列健康檢查
● 新婚健康檢查　　　　　　　　　● 其他特定項目健康檢查
● 銀髮智慧族健康檢查

新起點健康生活計劃

現代所謂文明生活的美食饗宴和豪華享受，實際上隱藏著許多錯誤及不良的生活方式，加上營養攝取過剩，飲食型態精製化，更是導致癌症、糖尿病、高血壓、心臟血管疾病、腦血管疾病等種種慢性疾病之重要因素。美、加等先進國家，在近些年來的醫學研究指出：導致國民致病之諸項因素，可歸納為四大類，即：一、行為因素及不健康的生活型態佔50％，二、環境引起的危害佔20％，三、人體的生物因素佔20％，四、醫療保健體系不健全佔10％；行政院衛生署國民健康局亦指出：「生活型態是造成疾病發生的主要原因。」

一向致力於預防醫學工作的臺安醫院為提升生命品質，特別規劃「新起點健康生活計畫」藉由身體檢查、醫師問診、健康課程、自然飲食、烹飪教導、運動強身、心靈紓解、水療按摩等，來強化免疫系統，改善糖尿病、高血壓、骨質疏鬆症及降低心臟病發生機率、紓解壓力、控制體重、減肥、舒緩關節炎風溼痛、防治過敏、預防癌症，並幫助您建立正確的健康生活方式，使您的身、心、靈均可得到最佳的調適！

臺安醫院自1997年11月開辦「新起點健康生活計畫」課程以來，迄今已幫助了數千人改善健康。學員在參加後，血糖、血脂有明顯的下降，其中又以高血糖、高血脂的患者最為明顯。「新起點健康生活計畫」是健康生活型態的改革！不只能預防疾病，更能改善國人十大死因中之多種慢性惡疾。

13日新起點健康生活計畫活動內容：

①專業醫師課程與個人健康諮詢及評估
②專業營養師：依個人身高、體重、年齡、腰圍、體脂、身體健康狀況，設計三餐飲食計畫及個人熱量分析
③專業護理師：每日監測、評估血糖及血壓，全程陪伴
④專業心靈導師：每日一堂「心」的管理課程與個人心靈協談
⑤專業運動導師：每日指導學員多元運動，養成運動好習慣
⑥專業健康低溫烹飪課程：高纖、低脂(以各種堅果入菜)，健康食材運用、烹調示範及習作
⑦提供自然飲食強化身體機能：使用蔬果、五穀雜糧，調配均衡飲食(採六無一高原則)
　　六無：無精緻提煉油、無精緻糖、無動物奶、無蛋、無肉、無人工添加物
　　一高：高纖食物
⑧自然排毒體驗：幫助學員將體內毒素排出體外、促進血液循環、紓壓放鬆
⑨健康檢查：6-13日課程中，學員2次前、後測血液檢查，專業醫師判讀解說

臺安醫院新起點運動中心

臺安醫院新起點運動中心，創立於2005年6月，於2009年4月正式成為臺安醫院自營單位。運動中心秉持著提供專業、安全、舒適、多元的環境及課程供民眾選擇，並以預防醫學理念為出發，建立全民健康促進之觀念為使命。

本運動中心有別於一般坊間健身房，課程設計及規劃皆針對不同族群。運動中心最終在規劃適合各種族群之相關體適能課程，讓追求健康的民眾，同時兼顧健康、事業及家庭的照顧。

新起點運動中心服務特色
● 運動保健班 ● 代謝享瘦班 ● 孕婦系列課程 ● 長青銀髮族運動保健班
● 舒眠減壓冥想課程 ● 里民、學生、企業職場健康促進

http://www.tahsda.org.tw
台北市105松山區八德路二段424號
電話：(02)2771-8151

三育健康教育中心

本中心座落於號稱台灣小瑞士的南投縣魚池鄉，於2001年5月正式對外開放。擁有雙人套房44間，家庭套房7間，可舉辦各種健康休閒活動，並有專業健身中心、水療中心、露天游泳池、烹飪教室、可容納84人的餐廳、40人的小型會議室及80人的大型會議室、漩渦按摩池，歡迎週休二日全家蒞臨體驗，享受寧靜、洗滌塵慮。

http://www.newstart.org.tw
南投縣魚池鄉瓊文巷39-6號
電話：(049)289-9660

北京恩澤福樂健康中心

位於延慶香營鄉的北京恩澤福樂健康中心，利用香營鄉充滿濃郁的鄉村氛圍、清新的空氣等特點，在此舉辦「新起點健康生活計畫」各項活動，讓來此參與課程的學員，不僅建立正確的健康生活方式，更使身、心、靈得到最佳的調適！

北京市延慶香營鄉三道溝橋北
電話：010-60152100

◎ 更多資訊歡迎電洽臺安醫院健康事業發展部　電話：(02)2771-8151 分機 2749

Q 請問食譜中的蛋白質來源多為豆類製品，我本身有痛風，會不會使病情更加嚴重？

A 痛風是由於血液中尿酸含量過高，形成尿酸鹽，堆積在關節中而造成的。 血液中的尿酸來自兩方面：一方面是由身體自己製造出來；另一方面是由日常食物中得來，食物中的普林（Purine）經人體代謝後會轉變成尿酸。

痛風患者主要是新陳代謝出了問題，身體過量製造尿酸，或尿酸無法有效的由尿液中排出，使尿酸堆積在身體內，形成尿酸過高。痛風的治療主要是藥物，飲食治療只是輔助性的。飲食治療的主要重點：①減少食用普林含量高的食物，而普林含量高的食物多來自於動物的內臟、海產類食物，其次才是香菇及黃豆。②減少高脂肪的食物攝取，尤其是含飽和脂肪酸的肉類。③減少飲酒。④增加水分的攝取量。由於「新起點」的飲食不含動物性高普林、高飽和脂肪酸及高油脂的食物，因此並不會使尿酸增加。只要你能定期的回診監控尿酸值，並且與醫生配合按時服用藥物及遵守上述的飲食治療原則，就不用太擔心會使痛風加劇的情形。

若你正值痛風急性發作期，建議儘量避免各種乾豆類（黃豆、紅豆等）、發芽的豆類（黃豆芽、豆苗等）、綠蘆筍、香菇、酵母粉（健素）等的攝取，否則仍可適量食用。

Q 洗腎患者，可以食用「新起點」素食嗎？

A 可以。洗腎患者藉由人工腎臟，將體內的廢物排出。而動物性來源的食物在體內代謝後所產生的氮廢物較植物性食物高。因此，可多選用植物性的蛋白質以替代動物性來源的食物，有助降低氮廢物的產生。此外，洗腎患者主要的併發問題多與心血管疾病有關，而「新起點」素食建議使用油脂的種類及分量，亦有助降低此併發症的發生。但洗腎患者還有其它熱量、水分、電解質等攝取的問題，最好經醫師監控血液的生化指數，由營養師為其作飲食計畫，以達患者所需的各種營養素。

Q 請問吃豆腐、豆乾等豆類製品，是不是容易得結石？

A 一般人認為結石的形成與「豆腐」，或者與「鈣質」攝取過多有關。事實上，對一般健康人而言，食物中的鈣並不會引起結石。根據近年來的研究發現，引起結石的發生與水分攝取不足、草酸食物攝取過多有關，因此，不能將罪過都只歸在一、二種食物上。即使是結石的患者，也應當攝取適量的鈣質（以1000毫克為限）。因此，防止結石產生或復發的方法是少吃草酸含量高的食物，如：菠菜、花生、巧克力、濃茶、可樂等食物。

根據哈佛大學公衛系的統計，非素食者得結石的比率較素食者多出三分之一，可能是素食者常食用富含鉀離子的蔬菜、水果等鹼性食物，有助降低結石的發生。因此，不用擔心食用豆類製品容易發生結石，反而是食用大量肉類及膽固醇食物的人，才應多加注意食物的選擇。

Q 食譜中的菜餚都不使用提煉精製油烹調，會不會造成油脂缺乏的問題？

A 不會。現在大部分的人都會選擇提煉精製的植物油作為烹調用油，減少食用豬油、牛油等飽和脂肪酸高的動物性油脂。雖然，提煉精製的植物油含不飽和脂肪酸高，但油性較不穩定，易氧化產生自由基而增加心血管疾病、癌症...等某些慢性疾病的發生。因此，我們建議使用適量的天然核果類、種子類及豆類作為人體所需油脂的來源，其中多含「順式」的單元及多元不飽和脂肪酸，可避免血膽固醇的上升，且含有其他豐富的營養素，如：蛋白質、鐵質、鈣質、微量元素及纖維質等較提煉精製的油脂營養價高。

國家圖書館出版品預行編目資料

舒食101／臺安醫院編著--初版. --臺北市
時兆，2013.05
　　面：　　　公分. --（新起點健康烹調系列；3）
中英對照
ISBN 978-986-6314-35-3（平裝）

1.素食食譜
427.31　　　　　　　　　　102006308

舒食101

愛家庭料理 愛窈窕料理 愛烘焙料理 愛DIY醬料　NEWSTART Lifestyle Cookbook

NEWSTART 新起點

編　　　著　　臺安醫院
董 事 長　　李在龍
發 行 人　　周英弼
出 版 者　　時兆出版社
客 服 專 線　　0800-777-798
電　　話　　+886-2-27726420
傳　　真　　+886-2-27401448
地　　址　　台灣台北市10556松山區八德路2段410巷5弄1號2樓
網　　址　　http://ww.stpa.org
電　　郵　　service@stpa.org

主　　編　　周麗娟
封 面 設 計　　時兆設計中心 林俊良
美 術 設 計　　時兆設計中心 林俊良、李宛青、馮聖學
攝　　影　　邱春雄
法 律 顧 問　　宏鑑法律事務所　TEL：886-2-27150270
商 業 書 店　　總經銷－聯合發行股份有限公司TEL.886-2-29178022
基督教書房　　總經銷－TEL. 0800-777-798　本社營業部
網 路 商 店　　http://www.pcstore.com.tw/stpa
電 子 書 店　　http://www.pubu.com.tw/store/12072

ISBN　　978-986-6314-35-3
新台幣NT$280元　2014年1月　初版 2 刷
　　　　　　　　　2015年6月　初版 3 刷
　　　　　　　　　2017年1月　再版 1 刷

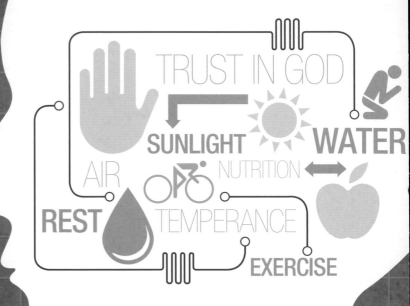